职业教育机电专业
微课版创新教材

液压与气压传动技术

技术 第3版 | 附微课视频

张林 / 主编

陈爽 徐宝 陈群 / 副主编

U0212631

人民邮电出版社

北京

图书在版编目（CIP）数据

液压与气压传动技术：附微课视频 / 张林主编. ——
3版. —— 北京：人民邮电出版社，2019.1（2021.2重印）
职业教育机电专业微课版创新教材
ISBN 978-7-115-48355-3

Ⅰ. ①液… Ⅱ. ①张… Ⅲ. ①液压传动—高等职业教
育—教材②气压传动—高等职业教育—教材 Ⅳ.
①TH137②TH138

中国版本图书馆CIP数据核字（2018）第084595号

内 容 提 要

本书按照项目教学的模式组织内容，全书分为上、下两篇。上篇介绍液压传动的基本知识和运
用，如选择液压动力元件、液压执行元件，使用方向控制阀、压力控制阀、流量控制阀及其典型回
路，综合分析液压传动系统等。下篇介绍气压传动的基本知识和运用，如使用气动执行元件、方向
控制阀、流量控制阀及其典型回路，认识压力控制阀、其他典型气动控制元件及其典型回路，综合
分析气压传动系统等。书后附有必要的技术资料，可供读者查阅。

本书既可作为职业学校、技工学校机电类专业的教材，也可作为工程技术人员的自学参考书。

◆ 主　编　张　林
副主编　陈　爽　徐　宝　陈　群
责任编辑　王丽美
责任印制　马振武

◆ 人民邮电出版社出版发行　北京市丰台区成寿寺路 11 号
邮编 100164　电子邮件 315@ptpress.com.cn
网址 http://www.ptpress.com.cn
涿州市京南印刷厂印刷

◆ 开本：787×1092　1/16
印张：10.75　　　　　　　　2019 年 1 月第 3 版
字数：254 千字　　　　　　2021 年 2 月河北第 8 次印刷

定价：32.00 元

读者服务热线：(010)81055256　印装质量热线：(010)81055316
反盗版热线：(010)81055315
广告经营许可证：京东市监广登字 20170147 号

第3版前言

本书第2版自2012年出版以来，承蒙广大读者支持，至今已多次印刷。近年来，我国陆续颁布了一些新的技术标准，同时移动互联网技术也不断进入学校课堂教学，这就要求我们的教材必须进行必要的修订以满足学校的教学要求。

本书在修订过程中充分贯彻了"以学生发展为本"的理念，在保留第2版项目式教材特色的基础上，以提高职业学校、技工学校学生的实践能力为目标，体现基本理论在工作现场的具体指导与应用，将技能实训融合在各知识点中，坚持在"做中学、做中教"，使液压与气压传动技术的知识、基本技能的训练与在现实生产中的实际应用相结合。本书内容安排由简到繁，由易到难，梯度明晰，序化适当，为学生的职业生涯与个性发展奠定基础。

与第2版相比，本书做了以下修订。

（1）针对重要的知识点开发了一些动画/视频资源，并以二维码的形式嵌入到书中相应位置，读者可通过手机等移动终端扫描书中二维码观看学习。

（2）采用近几年国家颁布的技术标准来更新相关的知识点。

（3）订正第2版书中存在的错误或不合理的内容。

本书由天津市第一轻工业学校张林任主编，天津市第一轻工业学校陈爽、武威职业学院徐宝及重庆市机械高级技工学校陈群任副主编。其中，项目一、项目三~项目五由张林编写，项目七、项目九和项目十由徐宝和陈群编写，项目二、项目六、项目八、项目十一~项目十四由陈爽编写。本书在编写过程中得到了有关领导和院校教师的大力支持与热心帮助，在此表示衷心的感谢。

由于编者水平有限，书中难免存在错误和疏漏之处，敬请广大读者批评指正。

编　者
2018 年 6 月

目　录

上篇　液压传动

下篇　气压传动

上篇 液压传动

液压传动是以液体为工作介质来传递能量和进行控制的传动方式。它把原动机的机械能转化为液体的压力能，通过液体压力能的变化来传递能量，借助控制元件将具有压力能的液体输送到执行机构，由执行机构驱动负载实现直线往复运动和回转运动。

项目一

了解液压传动基础知识

以液体的静压能传递动力的液压传动是以油液作为工作介质的，为此必须了解油液的种类及物理性质，并应对油液的基本物理学规律以及液压传动相关的物理现象有一定的了解。

任务一 了解液压传动系统的组成

知识要点
- 液压传动的工作原理。
- 液压传动系统的组成。

技能要点
- 能够正确认识液压系统的各组成部分。

一、任务分析

实际工作中利用液压传动的例子很多。例如，液压千斤顶利用液压传动系统来完成重物的举升和降下；磨床工作台的往复运动及运动过程中的换向、调速与磨削进给力的调节控制也是通过液压传动系统来实现的。那么，什么是液压传动系统？液压传动系统是如何带动机器完成工作的？它又是由哪些部分组成的？下面就对液压传动系统做简单介绍。

二、相关知识

1. 液压传动的工作原理

液压传动在机械中应用广泛，液压传动系统的结构形式各不相同，但其传动原理相似。现以磨床工作台往复运动液压传动系统为例来说明液压传动的工作原理。

如图 1-1（a）所示，液压泵 3 由电动机带动，从油箱 1 中吸油，经过滤器 2 将具有压力能的油液输送到管路中，油液通过节流阀 4 和管路流至换向阀 5。换向阀 5 的阀芯有不同的工作位置（图示有 3 个工作位置），因此通路情况不同。当阀芯处于中间位置时，通向液压缸的油路堵死，液压缸不进压力油，所以工作台停止不动。若操作者将阀芯向右推（图示位置），换向阀 5 左位工作，压力油经回油管路 9 进入液压缸 7 的左腔，与工作台 8 相连的活塞在液压缸左腔压力油的推动下带动工作台向右移动，液压缸右腔的油液通过换向阀 5 流回油箱。若将换向阀 5 的阀芯向左推，换向阀 5 右位工作，压力油经进油管路 6 进入液压缸 7 的右腔，活塞带动工作台向左移动。因此，调整换向阀 5 的工作位置就能改变压力油的通路，使液压缸不断换向，以实现工作台需要的往复运动。

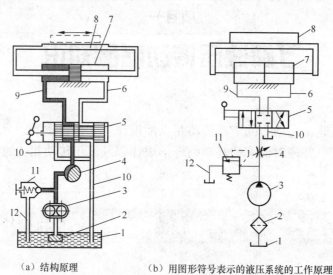

（a）结构原理　　　　　（b）用图形符号表示的液压系统的工作原理

图 1-1　磨床工作台液压传动系统的工作原理

1—油箱；2—过滤器；3—液压泵；4—节流阀；5—换向阀；6、9—进、回油管路；7—液压缸；
8—工作台；10—主供油回路；11—溢流阀；12—溢流管路

根据加工要求的不同，工作台的移动速度可通过节流阀 4 来调节。通过改变节流阀开口的大小来调节通过节流阀的油液流量，以控制工作台的运动速度。

工作台运动时，由于工作情况不同，要克服的阻力（负载）也不同，不同的阻力（负载）都是由液压泵输出油液的压力能来克服的，系统的压力可通过溢流阀 11 来调节。当系统中的油压升高到稍高于溢流阀的调定压力时，溢流阀上的钢球被顶开，油液经溢流阀流回油箱，这时油压不再升高，维持定值。

为保持油液的清洁，设置了过滤器 2，它将油液中的污物杂质过滤掉，使系统正常工作。

通过以上分析，可以知道液压传动的工作原理：以受压液体作为工作介质，通过元件密封容积的变化来传递运动；通过系统内部受压液体的压力来传递动力；液压传动系统工作时，可以通过对液体的压力、流量和方向的控制与调节来满足工作部件在力、速度和方向上的要求，即液压传动系统实际上是能量转换装置。

2. 液压传动原理图

（1）液压传动原理图是由代表各种液压元件、辅件及连接形式的图形符号组成，用于表示一个液压系统工作原理的简图。图 1-1（b）所示的磨床工作台液压传动系统原理图即是一例。

液压工作原理图有两种表达方式：一种用结构示意图，如图 1-1（a）所示，这样的图形比较直观，元件的结构特点清楚明了，但图形太烦琐，绘图麻烦，一般很少用；另一种是图形符号图，即把各类液压元件用其图形符号表示，如图 1-1（b）所示。我国制定的液压与气动图形符号标准为 GB/T 786.1—2009。

（2）我国对液压元件的图形符号做出了规定和说明。

① 标准规定的液压元件图形符号，主要用于绘制以液压油为工作介质的液压系统原理图。

② 液压元件的图形符号应以元件的静态或零位来表示；当组成系统的动作另有说明时，可作例外。

③ 在液压传动系统中，液压元件若无法采用图形符号表达时，允许采用结构简图表示。

④ 元件符号只表示元件的职能和连接系统的通路，不表示元件的具体结构和参数，也不表示系统管路的具体位置和元件的安装位置。

⑤ 元件的图形符号在传动系统中的布置，除有方向性的元件符号（油箱和仪表等）外，可根据具体情况在水平或垂直方向绘制。

⑥ 元件的名称、型号和参数（如压力、流量、功率和管径等）一般应在系统图的元件表中标明，必要时可标注在元件符号旁边。

⑦ 标准中未规定的图形符号，可根据本标准的原则和所列图例的规律性进行派生。当无法直接引用和派生时，或有必要特别说明系统中某一重要元件的结构及动作原理时，均允许局部采用结构简图表示。

⑧ 元件符号的大小以清晰、美观为原则，根据图样幅面的大小斟酌处理，但应保证图形符号本身的比例。

三、任务实施

1. 液压传动系统的基本结构

从上面的例子可以看出，一个完整的液压传动系统主要由以下几个部分组成。

（1）动力部分

动力部分供给液压系统压力油，将原动机输出的机械能转换为油液的压力能（液压能）。其能量转换元件为液压泵，图 1-1 中的液压泵 3 就是动力元件。

（2）执行部分

执行部分将液压泵输出的油液压力能转换为带动工作机构运动的机械能，以驱动工作部件运动。执行元件有液压缸和液压马达，图 1-1 中的液压缸 7 就是执行元件。

（3）控制部分

控制部分用来控制和调节油液的压力、流量和流动方向。控制元件有各种压力控制阀、流量控制阀、方向控制阀等，图1-1中的溢流阀11、节流阀4和换向阀5就是控制元件。

（4）辅助部分

辅助部分将前面3个部分连接在一起，组成一个系统，起储油、过滤、测量、密封等作用，以保证液压系统可靠、稳定、持久地工作。辅助元件有管路、接头、油箱、过滤器、蓄能器、密封件、控制仪表等，图1-1中的油箱1，过滤器2，进、回油管路6、9，主供油回路10，溢流管路12都是辅助元件。

（5）传动介质

传动介质是指传递能量的流体，常用的是液压油。

2. 液压传动系统的特点

（1）主要优点

液压传动与机械传动、电力传动及气压传动相比，具有下列优点。

① 传动平稳。在液压传动装置中，油液的可压缩量非常小，在通常压力下可以认为不可压缩，装置依靠油液的连续流动进行传动。油液有吸振能力，在油路中还可以设置液压缓冲装置，故不像机械机构因加工和装配误差会引起振动和撞击，传动十分平稳，便于实现频繁的换向。因此，液压传动装置广泛地应用在要求传动平稳的机械上，如磨床传动机构几乎全部采用了液压传动系统。

② 重量轻、体积小。液压传动与机械、电力等传动方式相比，在输出同样功率的条件下，体积可以减小很多，重量也可以减轻很多，因此惯性小，动作灵敏。这对液压仿形、液压自动控制和要求减重的机器来说，是特别重要的。例如，我国生产的挖掘机在采用液压传动后，与采用机械传动时的重量相比大大减轻。

③ 承载能力大。液压传动易于获得很大的力和转矩，因此广泛应用于压制机、隧道掘进机、万吨轮船操舵机、万吨水压机等。

④ 容易实现无级调速。在液压传动中，调节液体的流量就可实现无级调速，并且调速范围很大，可达2 000∶1，很容易获得极低的速度。

⑤ 易于实现过载保护。液压系统中采取了很多安全保护措施，能够自动防止过载，避免发生事故。

⑥ 液压元件能够自动润滑。由于通常采用液压油作为工作介质，液压传动装置能自动润滑，因此元件的使用寿命较长。

⑦ 容易实现复杂动作。采用液压传动能获得各种复杂的机械动作。例如，仿形车床的液压仿形刀架、数控铣床的液压工作台等，可加工出不规则形状的零件。

⑧ 简化机构。采用液压传动系统可大大地简化机械结构，从而减少了机械零部件数目。

⑨ 便于实现自动化。在液压传动系统中，液体的压力、流量和方向是非常容易控制的，再加上电气装置的配合，很容易实现复杂的自动工作循环。目前，液压传动系统在组合机床和自动化生产线上应用很普遍。

⑩ 便于实现"三化"。液压元件易于实现系列化、标准化和通用化，也易于设计和组织专业性大批量生产，从而可提高生产率和产品质量，降低成本。

（2）主要缺点

① 液压元件制造精度要求高。由于元件的技术要求高，导致加工和装配比较困难，使用和维护比较严格。

② 实现定比传动困难。液压传动以液压油作为工作介质，所以在相对运动表面间不可避免地有泄漏，同时油液又不是绝对不可压缩的，因此不宜应用在传动比要求严格的场合，如螺纹和齿轮加工机床的传动系统。

③ 油液受温度的影响。由于油的黏度随温度的变化而改变，故液压传动系统不宜在高温或低温的环境下工作。

④ 不适宜远距离输送动力。由于采用油管传输压力油，压力损失较大，故不宜远距离输送动力。

⑤ 油液中混入空气易影响工作性能。油液中混入空气后，容易引起爬行、振动和噪声，使系统的工作性能受到影响。

⑥ 油液容易污染。油液被污染后会影响系统工作的可靠性。

⑦ 发生故障不容易检查与排除。

实训操作

1．参观液压传动设备实训场地，认识和了解液压传动设备。

2．识别液压传动系统中的各组成部分。

知识链接

液压技术的发展和应用

自18世纪末英国制成世界上第一台水压机算起，液压技术已有200多年的历史了，但其真正的发展是在第二次世界大战后近60年的时间内。第二次世界大战后，液压技术迅速转向民用工业，在机床、工程机械、农业机械、汽车等行业中逐步推广。20世纪60年代以来，随着原子能技术、空间技术、计算机技术的发展，液压技术得到了很大的发展，并渗透到各个工业领域。当前，液压技术正向高压、高速、大功率、高效、低噪声、经久耐用、高度集成化的方向发展。同时，新型液压元件和液压系统的计算机辅助设计（CAD）、计算机辅助测试（CAT）、计算机直接控制（CDC）、计算机实时控制技术、机电一体化技术、计算机仿真和优化设计技术、可靠性技术、污染控制技术等也是当前液压传动及控制技术研究和发展的方向。

由于液压技术有许多突出的优点，因此，从民用到国防，由一般传动到精确度很高的控制系统，液压技术都得到了广泛的应用。

在国防工业中，陆、海、空三军的很多武器装备，如飞机、坦克、舰艇、雷达、火炮、导弹、火箭等都采用了液压传动与控制。

在机床工业中，目前，很多机床传动系统，如磨床、铣床、刨床、拉床、压力机、剪床、组合机床等普遍采用液压传动与控制技术。

在冶金工业中，电炉控制系统、轧钢机的控制系统、平炉装料控制系统、转炉控制系统、高炉控制系统等都采用了液压技术。

在工程机械中，如挖掘机、轮胎装载机、汽车起重机、履带推土机、轮胎起重机、自行式铲运机、平地机、振动式压路机等，普遍采用了液压传动。

在农业机械中，如联合收割机、拖拉机、铧犁机构等，液压技术应用也很广泛。

在汽车工业中，液压越野车、液压自卸式汽车、液压高空作业车、消防车等均采用了液压技术。

在轻纺工业中，采用液压技术的有塑料注塑机、橡胶硫化机、造纸机、印刷机、纺织机等。

在船舶工业中，如全液压挖泥船、打捞船、打桩船、采油平台、水翼船、气垫船、船舶辅机等，液压技术应用很普遍。

近几年，在太阳跟踪系统、海浪模拟装置、船舶驾驶模拟器、地震再现装置、火箭助飞发射装置、宇航环境模拟器、高层建筑抗震系统、紧急制动装置等设备中，也采用了液压技术。

任务二　了解液体静力学、液压油的主要物理性质及选用

知识要点
● 液体的静压力及其基本方程。
● 液压油的种类及选用原则。

技能要点
● 了解液压传动系统压力的形成。

如图 1-2 所示，左侧用一很小的力 F_1 通过液压系统就可以将右侧一很重的负载 W 顶起。为什么液压系统可以将力放大？

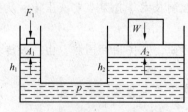

图 1-2　液压系统的受力关系

液压千斤顶的
工作原理

一、任务分析

在日常生产工作中，仅靠人力是不可能举起重达几吨的汽车的。但利用液压千斤顶将人的力量放大，就可以实现。那么，液压系统如何将力放大，又是依靠什么工作介质来传递力的？如何选用工作介质？下面对这些问题一一做介绍。

二、相关知识

1. 静止液体的压力及其性质

（1）静压力

静止液体在单位面积上所受的法向力称为静压力，如果在液体内某点处微小面积ΔA上作用有法向力ΔF，则$\Delta F/\Delta A$的极限就定义为该点处的静压力，用p表示。当在液体的单位面积A上受到均匀分布的作用力F时，则静压力p可表示为

$$p = \frac{F}{A}$$

液体的静压力在物理学上称为压强，在工程实际应用中习惯上称为压力。液体静压力具有以下特点：液体静压力垂直于其承压面，其方向和该面的内法线方向一致；静止液体内任一点所受的静压力在各个方向上都相等。

国际单位制中，压力的法定计量单位是Pa（帕，N/m^2）或MPa（$1\text{MPa} = 10^6\text{Pa}$）。

（2）静力学方程

在重力的作用下静止液体所受的力，除了液体重力，还有液面上作用的外加压力（外负载）p_0，其受力情况如图1-3所示。如果计算离液面深度为h的某点压力，设液柱底面积为ΔA，高为h，则体积为$h\Delta A$，液柱的重力$G = \rho g h\Delta A$，且作用于液柱的重心上。液柱处于受力平衡状态，因此，在垂直方向上存在如下关系：

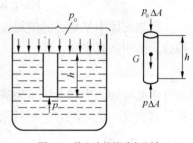

图1-3　静止液体的受力分析

$$p\Delta A = p_0\Delta A + \rho g h\Delta A$$

简化后得

$$p = p_0 + \rho g h$$

上式即为液体的静压力基本方程，从式中可知，静止液体内任一点的压力由两部分组成：一部分是液面上的外加压力（外负载），另一部分是该点上液体自重所形成的压力。也就是说，静止液体可将外加压力（外负载）等值地传递到液体中任意一点。

2. 帕斯卡原理

盛放在密闭容器内的液体，其外加压力p_0发生变化时，只要液体仍保持其原来的静止状态不变，液体中任一点的压力均将发生同样大小的变化。这就是说，在密闭容器内，施加于静止液体上的压力将以等值同时传到液体中的各点。这就是静压传递原理

液体压力的产生

或称帕斯卡原理。

下面以图 1-2 所示为例来说明液体的静压传递原理。图中左、右两个活塞的截面积分别为 A_1、A_2，活塞上作用的负载为 F_1、W。由于两活塞互相连通，构成一个密闭容器，根据帕斯卡原理，两个活塞下腔（包括整个容器内各点）产生的压力相等，因而有

$$p = \frac{F_1}{A_1} = \frac{W}{A_2} \qquad 即 \qquad W = \frac{F_1 A_2}{A_1}$$

由上式可知，由于 $A_2 \gg A_1$，则 $\dfrac{A_2}{A_1} \gg 1$，所以用一个相对很小的力 F_1，就可以推动一个相对很大的负载 W。

如果右侧大活塞上没有负载（$W=0$），则当略去活塞重力及其他阻力时，不论怎样推动左侧的小活塞，也不能在液体中形成压力（$p = \dfrac{W}{A_2} = 0$）。这说明液压系统中的压力是由外界负载决定的。

3. 压力的表示方法

压力的表示方法有两种：一种是以绝对真空作为基准所表示的压力，称为绝对压力；另一种是以大气压力作为基准所表示的压力，称为相对压力。由于大多数测压仪表所测得的压力都是相对压力，故相对压力也称表压力。绝对压力与相对压力的关系为

$$绝对压力\ p_绝 = 相对压力\ p + 大气压力\ p_气$$

如果液体中某点处的绝对压力小于大气压，这时在这个点上的绝对压力比大气压小的那部分数值叫做真空度，即

$$真空度 = 大气压力 - 绝对压力$$

由此可知，当以大气压为基准计算压力时，基准以上的正值是表压力，基准以下的负值就是真空度。绝对压力、相对压力和真空度的相互关系如图 1-4 所示。

4. 液压油

液体是液压传动的工作介质。最常用的工作介质是液压油，此外，还有乳化型传动液和合成型传动液。这里主要介绍液压油。

（1）液压油的性质

① 密度。单位体积液体的质量称为该液体的密度，用"ρ"表示。

密度是液体的一个重要参数。随着温度或压力的变化，其密度也会发生变化，但变化量一般很小，在实际应用时一般可忽略不计。

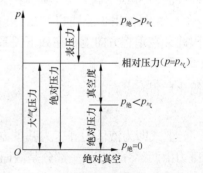

图 1-4　绝对压力、相对压力、真空度

② 可压缩性。液体在压力作用下体积变小的性质称为液体的可压缩性。

对于一般液压系统，可认为液压油是不可压缩的。需要说明的是，当液压油中混入空气时，其可压缩性将明显增加，且会影响液压系统的工作性能。因此，在液压系统中必须尽量减少油液中的空气含量。

③ 黏性。液体在外力作用下流动时，液体内部分子间的内聚力会阻碍分子相对运动，即分子间会产生一种内摩擦力，这一特性称为液体的黏性。黏性也是选择液压油的一个重要参数。

液体黏性的大小用黏度来表示。常用的黏度有动力黏度、运动黏度和相对黏度 3 种。

习惯上常用运动黏度来表示液体黏度。液压传动工作介质（液压油）的黏度等级是以 40℃时运动黏度（以 mm^2/s 计）的中心值来划分的。例如，某一种牌号为 L-HL22 的普通液压油在 40℃时运动黏度的中心值为 $22mm^2/s$。黏度数值越大，液体越黏稠，液体的流动性越差；黏度数值越小，液体越稀薄，液体的流动性越好。

液体的黏度随液体的压力和温度的变化而改变。对液压油来说，压力增大时，黏度增大。在一般液压系统使用的压力范围内，增大的数值很小，可以忽略不计。但液压油的黏度对温度的变化十分敏感，温度升高，黏度下降。这个变化率的大小直接影响液压传动工作介质的使用，其重要性不亚于黏度本身。

（2）液压油的分类和选用

① 液压油的分类。液压油的品种由其代号和后面的数字组成，代号中 L 表示石油产品的总分类号"润滑剂和有关产品"，H 表示液压系统用的工作介质，数字表示该工作介质的某个黏度等级。石油型液压油是最常用的液压系统工作介质，其分类如表 1-1 所示。

表 1-1　　　　　　液压系统工作介质分类（摘自 GB 11118.1—2011）

名　　　称	代　　号	组成和特性	应　　用
抗氧防锈液压油	L-HL	精制矿油，并改善其防锈和抗氧性	一般液压系统
抗磨液压油（高压、普通）	L-HM	HL 油，并改善其抗磨性	低、中、高液压系统，特别适合于有防磨要求、带叶片泵的液压系统
低温液压油	L-HV	HM 油，并改善其黏-温特性	能在 $-40 \sim -20℃$ 的低温环境中工作，用于户外工作的工程机械和船用设备的液压系统
超低温液压油	L-HS	无特定难燃性的合成烃油	黏-温特性优于 L-HV 油，用于数控机床液压系统和伺服系统，可适用于严寒地区
液压导轨油	L-HG	HM 油，并具有黏-滑特性	适用于导轨和液压系统共用一种油品的机床，对导轨有良好的润滑性和防爬性

② 液压油的选用原则。黏度是液压油最重要的使用性能指标之一。它的选择合理与否，对液压系统的运动平稳性、工作可靠性、灵敏性、系统效率、功率损耗、气蚀、磨损等都有显著影响，所以选用液压油时，要根据具体情况或系统要求选择合适的黏度和适当的油液品种。液压油的选用原则通常有以下几点。

• 按工作机械的类型选用。精密机械与一般机械对黏度的要求不同，为了避免温度升高而引起机件变形，影响工作精度，精密机械宜采用较低黏度的液压油。例如，对于机床液压伺服系统，为保证伺服机构动作灵敏性，宜采用黏度较低的油液。

• 按液压泵的类型选用。液压泵是液压系统的重要元件，在液压系统中，它的运动速度、压力和温升都较高，工作时间又长，因而对黏度要求较严格，所以选择黏度时应先考虑到液压泵。否则，泵会磨损过快，从而导致其容积效率降低，甚至可能破坏泵的吸油条件。在一般情况下，可将液压泵要求的黏度作为选择液压油的基准，如表 1-2 所示。

表 1-2　　　　　　　　　　　按液压泵类型推荐用液压油的黏度

液压泵类型		液压油黏度 $\nu_{40}/(\,mm^2 \cdot s^{-1}\,)$	
		液压系统温度 5 ~ 40℃	液压系统温度 40 ~ 80℃
齿轮泵		30 ~ 70	65 ~ 165
叶片泵	$p < 7.0MPa$	30 ~ 50	40 ~ 75
	$p \geqslant 7.0MPa$	50 ~ 70	55 ~ 90
径向柱塞泵		30 ~ 80	65 ~ 240
轴向柱塞泵		40 ~ 75	70 ~ 150

• 按液压系统的工作压力选用。工作压力较高时，宜选用黏度较高的油液，以免液压系统泄漏过多，效率过低；工作压力较低时，宜用黏度较低的油，这样可以减少压力损失。例如，机床工作压力一般低于 6.3MPa，可采用（20 ~ 60）× $10^{-6}m^2/s$ 的油液；工程机械工作压力属于高压，多采用较高黏度的油液。

• 考虑液压系统的环境温度选用。矿物油的黏度受温度影响很大，为保证在工作温度下有较适宜的黏度，还必须考虑环境温度的影响。当环境温度高时，宜采用黏度较高的油液；当环境温度低时，宜采用黏度较低的油液。

• 考虑液压系统的运动速度选用。当液压系统工作部件的运动速度很高时，油液的流速也高，液压损失也随着增大，而泄漏相对减少，因此宜用黏度较低的油液；反之，当工作部件运动速度较低时，每分钟所需的油量很小，这时泄漏相对较大，对系统的运动速度影响也较大，所以应选用黏度较高的油液。

• 选择合适的液压油品种。液压系统使用的油液品种很多，主要有机械油、变压器油、汽轮机油、通用液压油、低温液压油、抗燃液压油、抗磨液压油等。其中，机械油使用最为广泛。若温度较低或温度变化较大，应选择黏-温特性好的低温液压油；若环境温度较高且有防火要求，则应选择抗燃液压油；若设备长期在重载下工作，为减少磨损，可选用抗磨液压油。选择合适的液压油品种不仅可以保证液压系统的正常工作，减少故障发生，还可以提高设备寿命。

三、任务实施

如图 1-2 所示，若 $A_1 = 80cm^2$，$A_2 = 3\,200cm^2$，$W = 16\,000N$，那么输入端 F_1 需要多少？

解： 根据帕斯卡原理，可以推导出输入端 F_1 为

$$F_1 = \frac{WA_1}{A_2} = \frac{16\,000 \times 80}{3\,200} = 400(\text{N})$$

 实训操作

在液压实训台上完成液压系统中压力形成实训，达到以下要求。

1．通过实训对液压系统的工况有所了解。

2．通过实训了解在液压系统中液压泵输出压力及油缸中压力的形成过程。

3．了解液压系统中液压泵输出压力的组成。

 知识链接

液压系统的异常现象

液压传动系统在工作中常会出现异常的现象，了解这些现象产生的机理，对日后正常维护和使用液压系统非常重要。下面介绍液压传动系统中经常出现的几种典型现象。

1．薄壁小孔现象

在液压元件特别是液压控制阀中，对液流压力、流量及方向的控制通常是通过一些特定的孔口实现的，孔口对流过的液体形成的阻力称为液阻。

当小孔的通流长度 l 与孔径 d 之比 $l/d \leqslant 0.5$ 时，称为薄壁小孔。当液体经过管道由小孔流出时，由于液体的惯性作用，使其流过小孔后形成一个收缩断面然后再扩散，这一收缩和扩散过程产生很大的能量损失。薄壁小孔的流量与油液的黏度无关，对温度的变化不敏感。因此，薄壁小孔常用作调节流量的节流阀的阀口使用。

2．液压冲击

在液压系统中，因某些原因造成液体压力在瞬间突然升高，产生很高的压力峰值，这种现象称为液压冲击。液压冲击会引起振动和噪声，而且会破坏密封装置、管道和液压元件，有时还会使某些液压元件（压力继电器、顺序阀）产生误动作，影响系统的正常工作。

液压系统减小液压冲击所采取的主要措施有以下几点。

① 限制管中液流的流速和运动部件的速度，减小冲击波的强度。

② 开启阀门的速度要慢。

③ 采用吸收液压冲击的能量装置，如蓄能器等。

④ 在有液压冲击的地方，安装限制压力的溢流阀。

⑤ 适当加大管道内径或采用橡胶软管。

3．气穴现象

气穴现象又称为空穴现象。在液压系统中，如果某点的压力低于液压油液所在的温度下空气的分离压力，液体中的空气就会被分离出来，使油液中迅速出现大量的气泡，这种现象称为气穴现象。

气穴现象发生的部位，通常是在阀门口和液压泵的吸油口。

当液压系统产生气穴现象时，大量的气泡使油液的流动特性变坏，造成流量和压力的不稳定，当带有气泡的液流进入高压区时，周围的高压会使气泡迅速破裂，使局部产生非常高的温度和冲击压力，引起振动和噪声。附在金属表面上的气泡破裂时，局部产生的高温和高压会使金属产生疲劳，造成金属表面的侵蚀、剥落，甚至出现小洞穴。在实际工作中，可采取以下几种措施来减少气穴现象的发生。

① 减小阀孔或其他元件通道前后的压力降。

② 尽量降低液压泵的吸油高度。

③ 提高各处的密封性能，防止空气混入液压系统。

项目小结

在本项目中主要介绍了液压传动的有关基础知识，包括液压传动系统的组成、液压传动系统的工作原理、静力学和动力学等。

液压传动系统实际上是一种能量转换装置。

练习题

一、填空题

1. 一个完整的液压传动系统由_____、_____、_____、_____和_____5部分组成。

2. 液压传动系统实际是一种_____转换装置。

3. 液压系统中的压力是由_____决定的。

4. 液压油的黏度值越大，其流动性_____；黏度值越小，其流动性_____。

5. 液压传动原理图是由代表各种液压元件、辅件及连接形式的_____组成的。

6. 液压传动原理图有两种表达方式：一种用_____，这样的图形比较_____，元件的结构特点清楚明了，但图形太烦琐，绘图麻烦，一般很少用；另一种是_____，即把各类液压元件用其_____表示。

二、判断题（正确的在括号画"√"，错误的在括号画"×"）

1. 液压传动系统的压力取决于液压泵。 （   ）

2. 在一般液压系统中，液体是不能压缩的。 （   ）

3. 温度越高，液压油的黏度越大。 （   ）

4. 液压油的牌号值越大，则其越稀，流动性越好。 （   ）

5. 液压传动原理图常用图形符号来表示。 （   ）

三、选择题

1. 由大多数测压仪表所测得的压力是（   ）。

（A）绝对压力　　（B）真空度　　（C）相对压力　　（D）大气压力

2. 某一牌号为 L-HL22 的普通液压油的运动黏度平均值为 $22mm^2/s$，测量温度标准值为（　　）。

（A）20℃　　　　　（B）40℃　　　　　（C）60℃　　　　　（D）不确定

3. 液压油的黏度对（　　）变化十分敏感。

（A）压力　　　　（B）负载　　　　（C）温度　　　　（D）湿度

4. 在密闭容器中，施加于静止液体上的压力将被传到液体各点，但其值将（　　）。

（A）放大　　　　（B）缩小　　　　（C）不变　　　　（D）不确定

四、简答题

1. 我国对液压元件的图形符号做了哪些规定?

2. 什么是帕斯卡原理?

3. 简述液压传动系统的特点。

项目二

选择液压动力元件

液压动力元件起着向液压系统提供动力的作用，是液压系统不可缺少的核心元件。液压泵向液压系统提供一定流量和压力，是液压系统的动力元件。液压泵将原动机（电动机或内燃机）输出的机械能转换为工作油液的压力能，是一种能量转换装置。

任务一　认识液压动力元件

知识要点
- 液压泵的工作原理。
- 液压泵的种类和特点。

技能要点
- 熟悉液压泵的工作原理及图形符号。

液压压力机（简称液压机）是压力机的一种类型，它通过液压系统产生很大的静压力实现对零件的挤压、校直、冷弯等加工。液压机以四柱式液压机最为典型。四柱式液压机主要由横梁、导柱、工作台、上滑块机构和下滑块顶出机构等部件组成，其结构如图 2-1 所示。液压机的主要运动是上滑块机构和下滑块顶出机构的运动，上滑块机构由主缸（上液压缸）驱动，下滑块顶出机构由顶出缸（下液压缸）驱动。

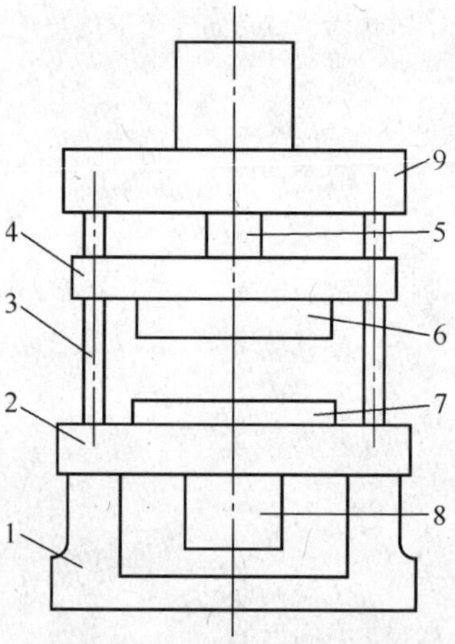

那么是什么元件使上滑块、下滑块产生很大的静压力？

图 2-1　四柱式液压机的结构

1—工作台；2—下滑块；3—导柱；4—上滑块；
5—主缸；6—上滑块机构；7—下滑块顶出机构；
8—顶出缸；9—横梁

一、任务分析

要使上滑块、下滑块产生很大的静压力来完成对零件的加工，就要求输入上、下液压缸的压力油的压力足够大。在液压系统中，动力元件起着向系统提供压力油的作用，是液压系统不可或缺的核心元件，液压系统中的动力元件就是液压泵。

液压泵的分类方法如下。

① 按输出流量是否可变，液压泵分为定量泵和变量泵。定量泵的输出流量不能调节，变量泵的输出流量可以调节。

② 按输出油液的方向是否可变，液压泵分为单向液压泵和双向液压泵。单向液压泵的输出油液方向不能变化，双向液压泵的输出油液方向可以变化。

③ 按结构形式不同，液压泵可分为齿轮泵、叶片泵、柱塞泵、螺杆泵等。

④ 按工作压力范围不同，液压泵可划分的类型如表 2-1 所示。

表 2-1　　　　　　　　　　按工作压力范围划分的液压泵类型

液压泵类型	低压泵	中压泵	中高压泵	高压泵	超高压泵
压力范围/MPa	0～2.5	2.5～8	8～16	16～32	32 以上

液压泵的图形符号如图 2-2 所示。

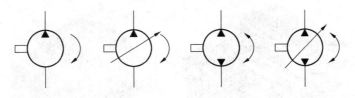

（a）单向定量泵　　（b）单向变量泵　　（c）双向定量泵　　（d）双向变量泵

图 2-2　液压泵的图形符号

二、相关知识

1. 液压泵的工作原理

液压泵都是依靠密封容积变化的原理来进行工作的，故一般称为容积式液压泵。容积式液压泵主要具有以下基本特点。

① 具有若干个密封且又可以周期性变化的空间。液压泵的输出流量与此空间的容积变化量和单位时间内的变化次数成正比，与其他因素无关。

② 油箱内液体的绝对压力必须恒等于或大于大气压力。这是容积式液压泵能够吸入油液的外部条件，为保证液压泵正常吸油，油箱必须与大气相通，或采用密闭的充压油箱。

③ 具有相应的配流机构。配流机构可以将液压泵的吸油腔和排油腔隔开，保证液压泵有规律地连续吸、排油液。不同结构的液压泵，其配流机构也不相同。

2. 齿轮泵

齿轮泵一般做成定量泵。按结构不同，齿轮泵分为外啮合齿轮泵和内啮合齿轮泵。其中，外啮合齿轮泵应用最广。

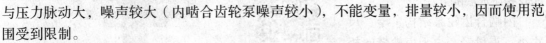

齿轮泵

齿轮泵具有结构简单、转速高、体积小、自吸能力好、工作可靠、寿命长、成本低、容易制造等优点，因而获得广泛应用。其缺点是流量与压力脉动大，噪声较大（内啮合齿轮泵噪声较小），不能变量，排量较小，因而使用范围受到限制。

（1）外啮合齿轮泵

图 2-3 所示为外啮合齿轮泵的工作原理图。在泵体内有一对相互啮合的齿轮，齿轮两

侧有端盖（图中未示出），泵体、端盖和齿轮的各个齿间槽组成了密封工作腔，而啮合线又把它们分隔为两个互不相通的吸油腔和压油腔。当齿轮按图 2-3 所示方向旋转时，下方的吸油腔由于相互啮合的轮齿逐渐脱开，密封工作容积逐渐增大，形成部分真空。油箱中的油液在外界大气压力作用下，经吸油管进入吸油腔，将齿间槽充满。随着齿轮旋转，油液被带到上方的压油腔内。在压油腔一侧，由于轮齿在这里逐渐啮合，密封工作腔容积不断减小，油液被挤出来，由压油腔输出进入压力管路供系统使用。外啮合齿轮泵剖面结构及实物如图 2-4 所示。

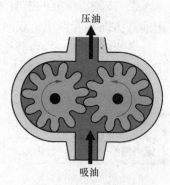

图 2-3　外啮合齿轮泵的工作原理

（a）剖面结构　　　　　　　（b）实物

图 2-4　外啮合齿轮泵的剖面结构及实物

当两齿轮的旋转方向不变时，其吸、压油腔的位置也就确定不变。这里啮合点处的齿面接触线将高、低压两腔分隔开，起着配油作用。因此，在齿轮泵中不需要设置专门的配流机构，这是和其他类型容积式液压泵的不同之处。

外啮合齿轮泵的优点是结构简单，尺寸小，重量轻，制造方便，价格低廉，工作可靠，自吸能力强（允许的吸油真空度大），对油液污染不敏感，维护容易；其缺点是一些机件要承受不平衡径向力，磨损严重，泄漏大，工作压力的提高受到限制。此外，它的流量脉动大，因而压力脉动和噪声都比较大。

（2）内啮合齿轮泵

内啮合齿轮泵有渐开线齿轮泵（见图 2-5）和摆线齿轮泵（又名转子泵）两种。它们的工作原理与外啮合齿轮泵完全相同，在渐开线齿轮泵中，小齿轮为主动轮，并且小齿轮和内齿轮之间要装一块月牙形的隔板，以便把吸油腔和压油腔隔开。

内啮合齿轮泵结构紧凑，尺寸小，重量轻，由于齿轮转向相同，相对滑动速度小，磨损小，

内啮合齿轮泵的
工作原理

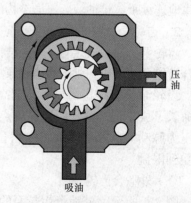

图 2-5　内啮合齿轮泵（渐开线齿轮泵）的工作原理

使用寿命长，流量脉动远小于外啮合齿轮泵，因而压力脉动和噪声都较小；内啮合齿轮泵允许高转速工作（高转速下的离心力能使油液更好地充入密封工作腔），可获得较高的容积效率。摆线齿轮泵排量大，结构更简单，而且由于啮合的重叠系数大，传动平稳，吸油条件更为良好。内啮合齿轮泵的缺点是齿形复杂，加工精度要求高，需要专门的制造设备，造价较高。

3. 螺杆泵

螺杆泵实质上是一种外啮合的摆线齿轮泵，其泵内的螺杆可以有 2 个，也可以有 3 个。图 2-6 所示为双螺杆泵的工作原理。在横截面内，螺杆的齿廓由几对摆线共轭曲线组成。螺杆的啮合线把主动螺杆和从动螺杆的螺旋槽分割成多个相互隔离的密封工作腔。随着螺杆的旋转，这些密封工作腔一个接一个地在左端形成，不断地从左向右移动（主动螺杆每转一周，每个密封工作腔移动一个螺旋导程），并在右端消失。密封工作腔形成时，它的容积逐渐增大，进行吸油；消失时容积逐渐缩小，将油压出。螺杆泵的螺杆直径越大，螺旋槽越深，排量就越大；螺杆越长，吸油口和压油口之间的密封层次越多，密封就越好，泵的额定压力就越高。

螺杆泵的优点是结构简单、紧凑，体积小，重量轻，运转平稳，输油均匀，噪声小，允许采用高转速，容积效率较高（可达 90%～95%），对油液的污染不敏感，因此它在一些精密机床的液压系统中得到了应用。螺杆泵的主要缺点是螺杆的形状复杂，加工较困难，不易保证精度，成本高。

4. 叶片泵

根据各密封工作容积在转子旋转一周吸、排油液次数的不同，叶片泵分为两类，即旋转一周完成一次吸、排油液的单作用叶片泵和旋转一周完成两次

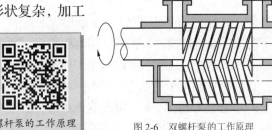
螺杆泵的工作原理

图 2-6　双螺杆泵的工作原理

吸、排油液的双作用叶片泵。单作用叶片泵多用于变量泵，工作压力最大为 7.0MPa；双作用叶片泵均为定量泵，一般最大工作压力也为 7.0MPa，结构经改进的高压叶片泵最大工作压力可达 16.0～21.0MPa。

（1）单作用叶片泵

单作用叶片泵的工作原理如图 2-7 所示。单作用叶片泵由转子、定子、叶片等组成。定子具有圆形内表面，定子和转子之间有一定的偏心距 e。叶片装在转子槽中，并可在槽内滑动。当转子旋转时，由于离心力的作用，使叶片紧靠在定子内壁，这样在定子、转子、叶片和两侧配油盘间就形成若干个密封的工作空间。

转子按图 2-7 所示顺时针旋转，在左侧的吸油腔叶片间的工作空间逐渐增大，油箱中的油液被吸入。在右侧的压油腔，叶片被定子内壁逐渐压进槽内，工作空间逐渐缩小，油液从压油口压出。在吸油腔和压油腔之间，有一段封油区，把吸油腔和压油腔隔开。这种叶片泵转子每转一周，每个工作空间完成一次吸油和压油过程，因此称为单作用叶片泵。

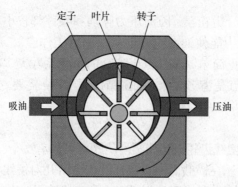

单作用叶片泵

图 2-7　单作用叶片泵的工作原理

改变单作用叶片泵定子和转子之间的偏心距 e 便可改变流量。偏心反向时，吸油、压油方向也相反。但由于转子受到不平衡的径向液压作用力，所以一般不宜用于高压系统，并且泵本身结构比较复杂，泄漏量大，流量脉动较严重，致使执行元件的运动速度不够平稳。

（2）双作用叶片泵

双作用叶片泵的工作原理如图 2-8 所示。双作用叶片泵转子和定子中心重合，定子内表面近似椭圆柱形。当转子转动时，叶片在离心力和根部压力油的作用下，在转子槽内向外移动而压向定子内表面。叶片、定子的内表面、转子的外表面和两侧配油盘间就形成若干个密封空间。当转子按图 2-8 所示顺时针方向旋转时，在从小圆弧上的密封空间运动到大圆弧的过程中，叶片外伸，密封空间的容积增大，从油箱吸入油液；在从大圆弧运动到小圆弧的过程中，叶片被定子内壁逐渐压进槽内，密封空间容积变小，油液从压油口压出供系统使用。转子每转一周，要经过两次这样的过程，所以每个工作空间要完成两次吸油和压油，故称为双作用叶片泵。

这种叶片泵由于有两个吸油腔和两个压油腔，并且各自的中心夹角是对称的，作用在转子上的油液压力相互平衡，因此双作用叶片泵又称为卸荷式叶片泵。为了使径向力完全平衡，密封空间数（即叶片数）应当是偶数。

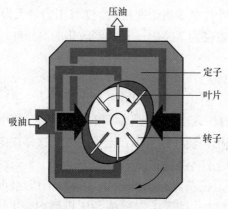

双作用叶片泵

图 2-8　双作用叶片泵的工作原理

双作用叶片泵结构紧凑，流量均匀，排量大，且几乎没有流量脉动，运动平稳，噪声小，容积效率可达 90% 以上。转子受力相互平衡，轴承寿命长，可用于高压系统。但双作用叶片泵结构复杂，制造比较困难，转速也不能太高，一般在 2 000r/min 以下工作。它的抗污染能力也较差，油液中的杂质会使叶片在槽内被卡死，因此对油液的质量要求较高。

叶片泵工作压力较高，且流量脉动小，工作平稳，噪声较小，寿命较长，因此被广泛应用于机械制造中的专用机床、自动化生产线等中低压液压系统中。但其结构复杂，吸油特性不太好，对油液的污染也比较敏感。叶片泵剖面结构及实物如图2-9所示。

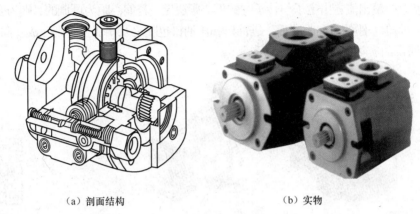

（a）剖面结构　　　　　　　　　　　　　（b）实物

图2-9　叶片泵的剖面结构及实物

5. 柱塞泵

柱塞泵是靠柱塞在缸体中做往复运动造成密封容积的变化来实现吸油与压油的液压泵。与齿轮泵和叶片泵相比，这种泵有以下优点。

① 构成密封容积的零件为圆柱形的柱塞和缸孔，加工方便，可得到较高的配合精度，密封性能好，在高压下工作仍有较高的容积效率。

② 只需改变柱塞的工作行程就能改变流量的大小，易于实现变量。

③ 柱塞泵主要零件均受压应力，材料强度性能可得以充分利用。

由于柱塞泵压力高，结构紧凑，效率高，流量调节方便，故应用在高压、大流量、大功率的系统中和流量需要调节的场合，如龙门刨床、拉床、液压机、工程机械、矿山冶金机械、船舶等。

按柱塞的排列和运动方向不同，柱塞泵可分为径向柱塞泵和轴向柱塞泵两大类。

（1）径向柱塞泵

如图2-10所示，径向柱塞泵主要由定子、转子、配油轴、柱塞等组成。转子上均匀地布置着几个径向排列的孔，柱塞可在孔中自由滑动。配油轴把衬套的内孔分隔为上、下两个分油室，这两个油室分别通过配油轴上的轴向孔与泵的吸、压油口相通。定子与转子偏心安装，

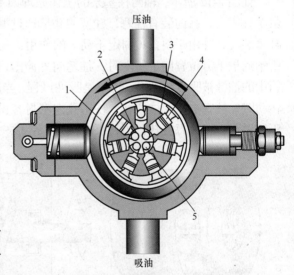

图2-10　径向柱塞泵的工作原理
1—定子；2—配油轴；3—转子；4—柱塞；5—轴向孔

当转子按图 2-10 所示方向逆时针旋转时，柱塞在下半周时逐渐向外伸出，柱塞孔的容积增大形成局部真空，油箱中的油液通过配油轴上的吸油口和油室进入柱塞孔，这就是吸油过程。当柱塞运动到上半周时，定子将柱塞压入柱塞孔中，柱塞孔的密封容积变小，孔内的油液通过油室和排油口压入系统，这就是压油过程。转子每转一周，每个柱塞都完成吸油和压油过程。

径向柱塞泵的输出流量由定子与转子间的偏心距决定。若偏心距为可调的，则为变量泵，如图 2-10 所示。若偏心距的方向改变后，进油口和压油口也随之互相变换，则变成双向变量泵。

径向柱塞泵的实物图如图 2-11 所示。

图 2-11　径向柱塞泵

径向柱塞泵

（2）轴向柱塞泵

轴向柱塞泵是将多个柱塞轴向配置在一个共同缸体的圆周上，并使柱塞中心线和缸体中心线平行的一种液压泵。轴向柱塞泵有两种结构形式：直轴式（斜盘式）和斜轴式（摆缸式）。轴向柱塞泵的优点：结构紧凑，径向尺寸小，惯性小，容积效率高，目前最高压力可达 40.0MPa，甚至更高。它一般用于工程机械、压力机等高压系统中，但其轴向尺寸较大，轴向作用力也较大，结构比较复杂。

如图 2-12 所示，轴向柱塞泵的工作原理如下：传动轴带动缸体旋转，缸体上均匀分布奇数个柱塞孔，孔内装有柱塞，柱塞的头部通过滑靴紧压在斜盘上。缸体旋转时，柱塞一边随缸体旋转，并由于斜盘（固定不动）的作用，一边在柱塞孔内做往复运动。当缸体从图 2-12 所示的最下方位置向上转动时，柱塞向外伸出，柱塞孔的密封容积增大，形成局部真空，油箱中的油液被吸入柱塞孔，这就是吸油过程；当缸体带动柱塞从图 2-12 所示最上方位置向下转动时，柱塞被压入柱塞孔，柱塞孔内密封容积减小，孔内油液被挤出供系统使用，这就是压油过程。缸体每旋转一周，每个柱塞都完成一次吸油和压油的过程。

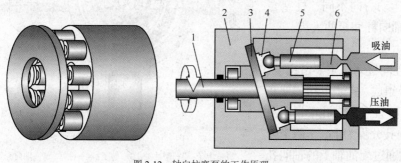

直轴式轴向柱塞泵
的工作原理

图 2-12　轴向柱塞泵的工作原理
1—传动轴；2—缸体；3—斜盘；4—滑靴；5—柱塞；6—柱塞孔

三、任务实施

通过上面的介绍可知，使四柱式液压机的上、下液压缸完成工作的压力，来源于液压系统的动力元件——液压泵。

任务二 选用液压泵

知识要点
◉ 各种泵的选用。

技能要点
◉ 能正确选用液压泵。

由上一任务已知，液压系统的动力元件是液压泵。那么，图 2-1 所示的四柱式液压机又应选择哪种液压泵呢？

一、任务分析

液压泵的种类很多，其结构、性能和运转方式各不相同，因此，应根据不同的使用场合选择合适的液压泵。

二、相关知识

1. 液压泵的性能参数

（1）压力

① 工作压力。液压泵实际工作时的输出压力称为工作压力。工作压力的大小取决于外负载的大小和排油管路上的压力损失，而与液压泵的流量无关。

② 额定压力。按试验标准规定，液压泵在正常工作条件下连续运转时的最高压力称为液压泵的额定压力。

③ 最高允许压力。在超过额定压力的条件下，根据试验标准规定，允许液压泵短暂运行时的最高压力值，称为液压泵的最高允许压力。

（2）排量和流量

① 排量。液压泵每转一周，由其密封容积几何尺寸变化计算而得的排出油液的体积称为液压泵的排量。排量可调节的液压泵称为变量泵；排量为常数的液压泵则称为定量泵。

② 理论流量。在不考虑液压泵油液泄漏的情况下，液压泵单位时间内所排出的液体体积的平均值称为理论流量。

③ 实际流量。在某一具体工况下，液压泵单位时间内所排出的油液体积称为实际流量。

④ 额定流量。在正常工作条件下，液压泵按试验标准规定（如在额定压力和额定转速下）必须保证的流量称为额定流量。

2. 液压泵的选用

液压泵是向液压系统提供一定流量和压力油液的动力元件，它是每个液压系统不可缺少的核心元件，合理地选择液压泵对于降低液压系统的能耗、提高系统的效率、降低噪声、改善工作性能和保证系统的可靠工作都十分重要。

选择液压泵的原则：根据主机工况、功率大小和系统对工作性能的要求，首先确定液压泵的类型，然后按系统所要求的压力、流量大小确定其规格型号。表 2-2 所示为液压系统中常用液压泵的主要性能。

表 2-2   常用液压泵的主要性能

性　　能	外啮合齿轮泵	双作用叶片泵	限压式变量叶片泵	径向柱塞泵	轴向柱塞泵	螺杆泵
输出压力	低压	中压	中压	高压	高压	低压
流量调节	不能	不能	能	能	能	不能
效率	低	较高	较高	高	高	较高
输出流量脉动	很大	很小	一般	一般	一般	最小
自吸特性	好	较差	较差	差	差	好
对油污染的敏感性	不敏感	较敏感	较敏感	很敏感	很敏感	不敏感
噪声	大	小	较大	大	大	最小

① 从压力上考虑，低压液压系统压力在 2.5MPa 以下时宜采用齿轮泵，中压液压系统压力在 6.3MPa 以下时宜采用叶片泵，高压液压系统压力在 10MPa 以上时宜采用柱塞泵。

② 从流量上考虑，首先考虑是否需要变量，其次看机械设备的特性，有快速和慢速工作行程的设备，如组合机床，可采用限压式变量叶片泵。在特殊精密设备上，如镜面磨床、注塑机等，可采用双作用叶片泵、螺杆泵。

③ 从负载特性考虑，负载小、功率小的液压设备，可用齿轮泵及双作用叶片泵。负载大、功率大的液压设备，如龙门刨床、液压机、工程机械和轧钢机械等，可采用柱塞泵。

④ 对平稳性、脉动性及噪声要求不高的一些场合，可采用中、高压齿轮泵。机械辅助装置，如送料、夹紧、润滑装置等可采用价格低的齿轮泵。

⑤ 从结构复杂程度、自吸能力、抗污染能力和价格方面比较，齿轮泵最好，柱塞泵最差。

⑥ 从使用性能方面考虑，选择的顺序依次为柱塞泵、叶片泵和齿轮泵。

3. 液压泵的使用

使用液压泵的主要注意事项如下。

① 液压泵启动前，必须保证其壳体内已充满油液，否则液压泵会很快损坏，有的柱塞泵甚至会立即损坏。

② 液压泵的吸油口和排油口的过滤器应及时进行清洗，否则由于污物阻塞会导致泵工作时产生较大的噪声，压力波动严重或输出油量不足，并易使泵出现更严重的故障。

③ 应避免在油温过低或过高的情况下启动液压泵。油温过低时，油液黏度大会导致吸油困难，严重时会很快造成泵的损坏；油温过高时，油液黏度下降，不能在金属表面形成正常油膜，使润滑效果降低，泵内的摩擦副发热加剧，严重时会烧结在一起。

④ 液压泵的吸油管与系统回油管的安装位置应该具有一定的间隔，避免系统排出的热油未经冷却直接吸入液压泵，使液压泵乃至整个系统油温上升，并导致恶性循环，最终使元件

或系统发生故障。

⑤ 在自吸性能差的液压泵的吸油口设置过滤器要定期清洗。因为随着污染物的积聚，过滤器压降会逐渐增加，液压泵的最低吸入压力将得不到保证，会造成液压泵吸油不足，出现振动及噪声，甚至损坏液压泵。

⑥ 对于大功率液压系统，电动机和液压泵的功率都很大，工作流量和压力也很高，会产生较大的机械振动。为防止这种机械振动直接传到油箱而引起油箱共振，应采用橡胶软管来连接油箱和液压泵的吸油口。

三、任务实施

根据四柱式液压机液压系统需要高压、大流量、大功率的特点，其液压泵可采用一个高压、大流量、恒功率控制的变量柱塞泵。液压系统对压力要求较小的则可采用双联叶片泵。

知识链接

液压辅助元件

在液压传动系统中，液压辅助元件是指那些既不直接参与能量转换，也不直接参与方向、压力、流量等控制的元件或装置，如过滤器、蓄能器、油箱、密封装置、热交换器及管件等，这些元件、装置对系统工作的可靠性、寿命、噪声、温升等都有直接影响，必须加以重视。除油箱需根据系统要求自行设计外，其他辅助装置都有标准产品可供选用。

1. 油箱

油箱的功用主要是存储油液，此外应能散发系统工作中所产生的部分或全部热量，分离混入工作介质中的气体并沉淀其中的杂质，安装系统中一些必备的附件等。

油箱有整体式和分离式两种。

① 整体式油箱是利用主机的内腔作为油箱（如压铸机、注塑机）。它的结构紧凑，各种泄漏油容易回收，但散热性差，容易使邻近构件发生热变形，影响机械设备的精度，维修不方便。

② 分离式油箱是一个单独的与主机分开的装置。它布置灵活，维修保养方便，可以减少油箱发热和液压振动对工作精度的影响，便于设计成通用化、系列化的产品，因而得到广泛的应用。图 2-13 所示为分离式油箱的结构。

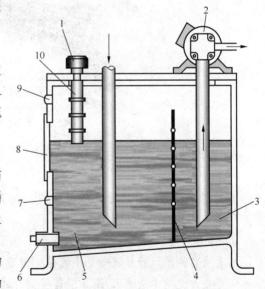

图 2-13　分离式油箱的结构

1—空气过滤器；2—电动机、液压泵；3—吸油区；
4—隔板；5—回油区；6—放油阀；7—最低油位指示；
8—盖板；9—最高油位指示；10—注油滤油器

2. 冷却器和加热器

油液在液压系统中具有密封、润滑、动力传递等多重作用，为保证液压系统正常工作，应将油液温度控制在一定范围内。一般系统工作时油液的温度应在 30～50℃为宜，最低时不应低于

15℃。如果液压油温度过高，则油液黏度下降，会使润滑部位的油膜破坏，油液泄漏增加，密封材料提前老化，气蚀现象加剧等。长时间在较高温度下工作，还会加快油液氧化，析出沉淀物，并导致严重故障，影响泵和阀的运动部分正常工作。所以当依靠自然散热无法使系统油温降低到正常温度时，就应采用冷却器进行强制性冷却。相反，油温过低，则油液黏度过大，会造成设备启动困难，压力损失加大，振动加剧等不良后果，这时就要通过设置加热器来提高油液温度。

根据冷却介质不同，冷却器可分为风冷式和水冷式两种。其实物和图形符号如图2-14所示。

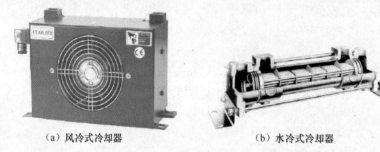

（a）风冷式冷却器　　　　　　（b）水冷式冷却器　　　　　　（c）图形符号

图2-14　冷却器的实物及图形符号

液压系统常用的加热器为电加热器，使用时可以直接将其装入油箱底部，并与箱底保持一定距离，安装方向一般为横向。其实物和图形符号如图2-15所示。

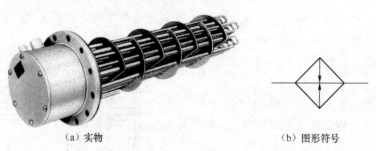

（a）实物　　　　　　　　　　（b）图形符号

图2-15　电加热器的实物及图形符号

3. 蓄能器

（1）蓄能器的功用

蓄能器是用于储存多余的压力油液，在需要时能将其释放出来供给系统的装置。蓄能器在液压系统中的主要作用如下。

① 储存液压能。当液压系统的一个工作循环中不同阶段（快、慢速）所需的流量变化很大时，常采用蓄能器。若系统需要小流量（慢速），蓄能器将液压泵多余的流量储存起来；若系统短时间需要大流量（快速），则蓄能器将储存的油液释放出来和液压泵一起向系统供油。这样不必采用大流量的液压泵，就可以实现液压缸的快速运动，同时可以减少电动机的功率损耗。

② 作为应急能源。在液压泵停止向系统供油时，蓄能器把储存的压力油供给系统，补充系统泄漏或使系统保持恒定压力，还可在液压泵源发生故障时作应急能源使用。

③ 吸收压力冲击和压力脉动。在液压系统中，蓄能器用于吸收液流速度急剧变化（如换向阀突然换向，外负载突然停止运动等）时产生的冲击压力，使压力冲击的峰值降低；液压泵的流量脉动会引起负载运动速度的不均匀，还会引起压力脉动，故对负载速度要求较均

匀的系统要在泵的出口处安装相应的蓄能器，提高系统工作的平稳性。

（2）蓄能器的分类和结构

蓄能器的类型较多，按其结构可分为重锤式、弹簧式和充气式3类。其中，充气式蓄能器又分为气液直接接触式、活塞式、气囊式和隔膜式4种。活塞式、气囊式蓄能器应用最为广泛。蓄能器的图形符号如图2-16所示。

图形符号

这里以气囊式蓄能器为例介绍充气式蓄能器的结构和工作原理，如图2-17所示。使用前先通过充气阀1向皮囊2内充入一定压力的气体(常用氮气)，充气完毕后，将充气阀关闭，使气体被封闭在皮囊内。当外部油液压力高于蓄能器内气体压力时，油液从蓄能器下部的进油口进入蓄能器，使皮囊受压缩储存液压能。当系统压力下降，低于蓄能器内压力油压力时，蓄能器内的压力油就流出蓄能器。在气囊式蓄能器油室的出油口处设置一常开式碟形限位阀4，当皮囊充气膨胀时迫使碟形限位阀关闭，防止皮囊挤出油口。其他充气式蓄能器的工作原理与其类似，这里不再一一介绍。

图2-16　蓄能器的图形符号

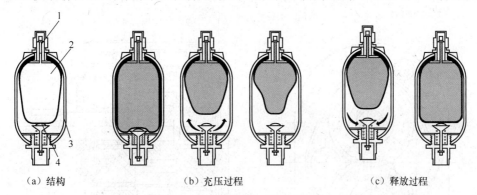

（a）结构　　　　　　（b）充压过程　　　　　　（c）释放过程

图2-17　气囊式蓄能器的结构和工作原理
1—充气阀；2—皮囊；3—壳体；4—限位阀

项目小结

在本项目中，主要讲解了液压泵的种类、结构、工作原理和液压泵选用的一般原则。通过学习，读者应熟悉液压泵的图形符号，典型液压泵的结构、特点和选用。

项目拓展

液压泵的拆装

一、目的

液压元件是液压系统的重要组成部分，通过对液压泵的拆装可加深对液压泵结构及工作原理的了解，并能对液压泵的加工及装配工艺有一个初步的认识。

二、使用工具及设备

内六角扳手、固定扳手、螺丝刀，各类液压泵。

三、实训内容及步骤

拆解各类液压泵，观察及了解各零件在液压泵中的作用，了解各种液压泵的工作原理，按一定的步骤装配各类液压泵。

1. 齿轮泵

型号：CB-B 型齿轮泵。

其结构如图 2-18 所示。

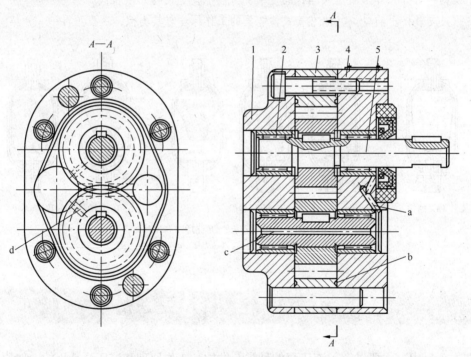

图 2-18　CB-B 型齿轮泵的结构

1—后泵盖；2—滚子；3—泵体；4—前泵盖；5—主动轴；a—泄油孔；b—泄油槽；c—从动轴；d—吸油口

（1）工作原理

在吸油腔，轮齿在啮合点相互从对方齿间槽中退出，密封工作空间的有效容积不断增大，完成吸油过程。在排油腔，轮齿在啮合点相互进入对方齿间槽中，密封工作空间的有效容积不断减小，实现排油过程。

（2）思考题

① 泄油槽的作用是什么？

② 齿轮泵的密封工作区是指哪一部分？

2. 双作用叶片泵

型号：YB-6 型叶片泵。

其结构如图 2-19 所示。

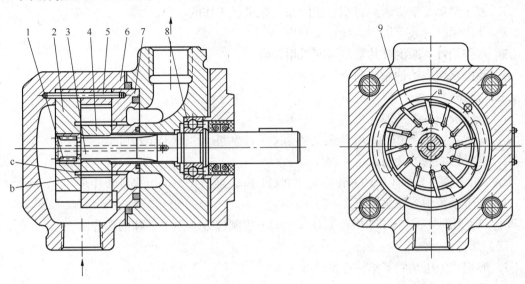

图 2-19　YB-6 型叶片泵的结构

1、8—球轴承；2、7—配油盘；3—轴；4—转子；5—定子；6—壳体；9—叶片；a—叶片顶部；b—叶片槽根部；c—环槽

（1）工作原理

当轴 3 带动转子 4 转动时，装于转子叶片槽中的叶片在离心力和叶片底部压力油的作用下伸出，叶片顶部紧贴于定子表面，沿着定子曲线滑动。叶片往定子的长轴方向运动时叶片伸出，使得由定子 5 的内表面，配油盘 2、7 及转子 4 和叶片 9 所形成的密闭空间容积不断扩大，通过配油盘上的吸油口实现吸油。叶片往定子的短轴方向运动时叶片缩进，密闭空间容积不断缩小，通过配油盘上的压油窗口实现排油。转子旋转一周，叶片伸出和缩进两次，可完成两次吸油和压油过程。

（2）思考题

① 双作用叶片泵的定子内表面是由哪几段曲线组成的？

② 配油盘上吸、压油口有何不同？压油口上的三角槽有何作用？

练习题

一、填空题

1. 液压泵将原动机输出的_____能转换为工作油液的_____能。

2. 单向定量泵的图形符号是_____，单向变量泵的图形符号是_____。

3. 液压泵按输出流量是否可变分为_____和_____。

4. 各种液压泵从结构复杂程度、自吸能力、抗污染能力和价格方面比较，_____最好，_____最差。

5. 油箱的图形符号为_____，加热器的图形符号为_____，冷却器的图形符号为_____。

二、判断题（正确的在括号内画"√"，错误的在括号内画"×"）

1. 液压泵都是依靠密封容积变化的原理来进行工作的。　　　　　　　　（　　）

2. 单作用叶片泵可以作为变量泵使用。　　　　　　　　　　　　　　（　　）

3. 双作用叶片泵的叶片数尽可能采用奇数。　　　　　　　　　　　　（　　）

4. 液压系统中的油箱应与大气隔绝。　　　　　　　　　　　　　　　（　　）

三、选择题

1. 低压液压系统一般宜采用（　　　）。

（A）齿轮泵　　　　（B）叶片泵　　　　（C）柱塞泵　　　　（D）均可

2. 自吸性能好的液压泵是（　　　）。

（A）叶片泵　　　　（B）柱塞泵　　　　（C）齿轮泵　　　　（D）变量叶片泵

3. 液压系统中液压泵属于（　　　）。

（A）动力部分　　　（B）执行部分　　　（C）控制部分　　　（D）辅助部分

四、简答题

1. 容积式液压泵的基本特点是什么？

2. 齿轮泵有何优缺点？

选择液压执行元件

液压执行元件是将液压泵输出的液压能转变为机械能的能量转换装置，它包括液压缸和液压马达。转换成直线运动（其中包括转换成摆动运动）的液压执行元件称为液压缸，而液压马达习惯上是指转换成回转运动的液压执行元件。

任务一　选择液压缸

知识要点
- 液压缸的分类。
- 双作用单出杆活塞式液压缸的应用。

技能要点
- 了解液压缸的选用。
- 熟悉液压缸的基本图形符号。

对于图 2-1 所示的液压机，工作时上滑块向下运动来加工零件，加工完成后向上运动脱离零件。那么，液压机中是由什么元件来带动上滑块完成这一运动的？又该如何选择这些元件呢？

一、任务分析

分析上述任务可知，上滑块要完成工作所需的上下运动必须依靠液压传动系统中有关的元件来带动，这种元件就是液压传动系统中的执行元件，它是将液体的压力能转换成机械能的能量转换装置。液压传动系统中的执行元件有液压缸和液压马达两种，液压缸主要实现往复直线运动或往复摆动，液压马达主要实现回转运动。

下面先介绍几种典型的液压缸。

二、相关知识

按其结构形式不同，液压缸可以分成活塞式液压缸、柱塞式液压缸和摆动式液压缸 3 类；按其作用方式不同，液压缸可以分为单作用液压缸和双作用液压缸 2 类。单作用液压缸在液压力作用下只能朝着一个方向运动，其反向运动需要依靠重力或弹簧弹力等外力实现，双作用液压缸依靠液压力就可实现正、反两个方向的运动。

活塞缸和柱塞缸能实现往复直线运动，输出力和直线运动速度；摆动缸能实现小于 360° 的往复摆动，输出转矩和角速度。液压缸和其他机构相配合，可完成各种工作。

单作用液压缸

双作用液压缸

1. 双作用单出杆活塞式液压缸

图 3-1 所示为双作用单出杆活塞式液压缸，其特点是液压缸两腔有效作用面积不同，因此，当液压油以相同的压力和流量分别进入缸的两腔时，活塞或缸体在两个方向上的推力及运动速度都不相等。

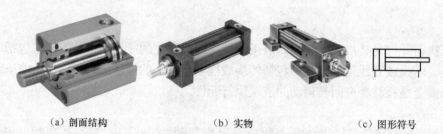

（a）剖面结构　　　　　　　　（b）实物　　　　　　　（c）图形符号

图 3-1　双作用单出杆活塞式液压缸的剖面结构、实物及图形符号

（1）推力和速度计算

如图 3-2（a）所示，若泵输入液压缸的流量为 q，压力为 p，则当无杆腔进油时活塞运动速度 v_1（m/s）及推力 F_1（N）为

$$v_1 = \frac{q}{A_1} = \frac{4q}{\pi D^2}$$

$$F_1 = pA_1 = p\frac{\pi D^2}{4}$$

式中，q 为流量（单位时间内通过某通流截面（流入液压缸）油液的体积），其法定计量单位为 $\mathrm{m^3/s}$，在实际使用中，常用单位为 L/min 或 mL/s。

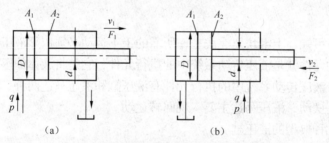

图 3-2　双作用单出杆活塞式液压缸

如图 3-2（b）所示，当有杆腔进油时，活塞运动速度 v_2 及推力 F_2 为

$$v_2 = \frac{q}{A_2} = \frac{4q}{\pi(D^2 - d^2)}$$

$$F_2 = A_2 p = \frac{\pi(D^2 - d^2)}{4}p$$

比较上述公式可知：若有效作用面积大，则推力大，速度慢；反之，若有效作用面积小，则推力小，速度快。

（2）差动连接

如图 3-3 所示，当缸的两腔同时通以压力油时，作用在活塞两端面上的推力产生推力差，在此推力差的作用下，活塞向右运动，这时，从液压缸有杆腔排出的油也进入液压缸的左腔，使活塞实现快速运动，这种连接方式称为差动连接。这种两端同时通压力油，利用活塞两端面积差进行工作的单出杆液压缸也叫差动液压缸。

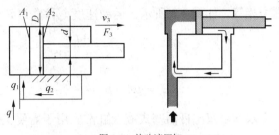

图 3-3　差动液压缸

设差动连接时泵的供油量为 q，无杆腔的进油量为 q_1，有杆腔的排油量为 q_2，则活塞运动速度 v_3 及推力 F_3 计算如下。

因为 $q_1 = q + q_2$，所以

$$q = q_1 - q_2 = A_1 v_3 - A_2 v_3 = v_3 \frac{\pi d^2}{4}$$

整理后，得

$$v_3 = \frac{4q}{\pi d^2}$$

因为 $F_3 = pA_1 - pA_2 = p(A_1 - A_2) = p\left(\frac{\pi}{4}D^2 - \frac{\pi(D^2 - d^2)}{4} \right)$

所以

$$F_3 = p \frac{\pi d^2}{4}$$

由上述公式分析得知：同样大小的液压缸差动连接时，活塞的速度 v_3 大于无差动连接时的速度 v_1，因而可以获得快速运动。

当要求差动液压缸的往返速度相同时（即 $v_2 = v_3$），只要使活塞直径满足下列关系即可，即

$$D = \sqrt{2}d$$

差动连接通常应用于需要快进、工进（即工作进给）、快退运动的组合机床液压系统中。

2. 双作用双出杆活塞式液压缸

双作用双出杆活塞式液压缸的活塞两端都带有活塞杆，分为缸体固定和活塞杆固定两种安装形式。其结构、实物和图形符号如图 3-4 所示。

（a）结构　　　　　　　　　　　（b）实物　　　　　　　　　（c）图形符号

图 3-4　双作用双出杆活塞式液压缸的结构、实物及图形符号

由于双作用双出杆活塞式液压缸的两活塞杆的直径相等，当输入液压缸的流量和油液压力不变时，其往返的运动速度和推力相等。如图3-5所示，运动速度 v 和推力 F 为

$$v = \frac{q}{A} = \frac{4q}{\pi(D^2 - d^2)}$$

$$F = pA = p\frac{\pi(D^2 - d^2)}{4}$$

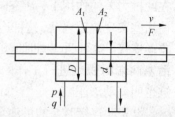

图3-5　双作用双出杆活塞式液压缸

双作用双出杆活塞式液压缸常应用于需要工作部件做等速往返直线运动的场合。

3. 柱塞式液压杠

由于活塞式液压缸的缸孔加工精度要求很高，故当行程较长时，加工难度大，使制造成本增加。在生产实际中，某些场合所用的液压缸并不要求双向控制，柱塞式液压缸正是满足了这种使用要求的一种价格低廉的液压缸。

如图3-6（a）所示，柱塞式液压缸由缸筒、柱塞、导套、密封圈等零件组成。柱塞和缸筒内壁不接触，因此，缸筒内孔不需要精加工，工艺性好，成本低。柱塞式液压缸是单作用的，它的回程需要借助自重或弹簧弹力等其他外力来完成，如果要获得双向运动，可将两个柱塞液压缸成对使用。柱塞式液压缸的柱塞端面是受压面，其面积大小决定了柱塞式液压缸的输出速度和推力。为保证柱塞式液压缸有足够的推力和稳定性，一般柱塞较粗，质量较大，若采用水平安装则易产生单边磨损，故柱塞式液压缸适宜垂直安装使用。为减轻柱塞的重量，有时将其制成空心柱塞。图3-6（b）所示为柱塞式液压缸图形符号。

柱塞式液压缸的工作原理

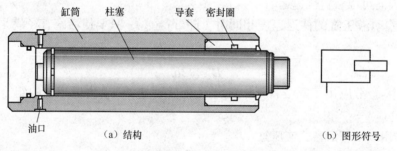

缸筒　　柱塞　　　导套　密封圈

油口

（a）结构　　　　　　　　　　　　（b）图形符号

图3-6　柱塞式液压缸的结构及图形符号

柱塞式液压缸结构简单，制造方便，常用于工作行程较长的场合，如大型拉床、矿用液压支架等。

4. 其他类型的液压缸

（1）增压缸

增压缸又称增压器。在液压系统中，整个系统需要低压，而局部需要高压，为节省一个高压泵，常用增压缸与低压大流量泵配合使用，使输出液压由低压变为高压。这样，只有局部是高压，而整个液压系统调整压力较低，因此减少了功率损耗。

增压缸的工作原理

图3-7（a）所示为增压缸结构，图3-7（b）所示为增压缸工作原理，当左腔输入压力为

p_1，推动面积为 A_1 的大活塞向右移动时，从面积为 A_2 的小活塞右侧输出压力 p_2，$p_2 = p_1 \dfrac{A_1}{A_2}$，由此，输出压力得到了提高。

图 3-7（c）所示为其图形符号。

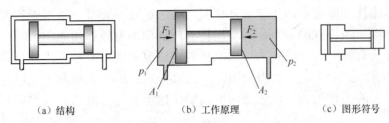

（a）结构　　　　　　　　　（b）工作原理　　　　　　　　　（c）图形符号

图 3-7　增压缸的结构、工作原理及图形符号

（2）伸缩缸

伸缩缸又称多套缸，它是由两个或多个活塞缸套装而成的。这种液压缸在各级活塞依次伸出时可获得很长的行程，而当它们依次缩回后，又能使液压缸轴向尺寸很短，因此广泛用于起重运输车辆上。

伸缩缸也有单作用和双作用之分，前者靠外力实现回程，后者靠液压力实现回程。图 3-8 所示为双作用式伸缩缸的结构及图形符号。

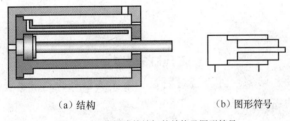

（a）结构　　　　　　　　　　　（b）图形符号

图 3-8　双作用式伸缩缸的结构及图形符号

（3）摆动缸

摆动缸又称回转式液压缸，也称摆动液压马达。当它通入液压油时，主轴可以输出小于 360° 的往复摆动。摆动缸常用于夹紧装置、送料装置、转位装置以及需要周期性进给的系统中。

摆动缸根据结构主要有叶片式和齿轮齿条式两大类。叶片式摆动缸又分为单叶片式和双叶片式两种；齿轮齿条式又可分为单作用齿轮齿条式、双作用齿轮齿条式、双缸齿轮齿条式等几种。图 3-9 所示为齿轮齿条式摆动缸的剖面结构及图形符号。

摆动式液压缸的工作原理

（a）剖面结构　　　　　　　　　（b）图形符号

图 3-9　齿轮齿条式摆动缸的剖面结构及图形符号

三、任务实施

通过前面的学习，可以了解各种液压缸的结构及工作特点。在实际应用中，应根据不同的工作要求和使用情况来合理选择液压缸。

双作用单出杆液压缸带动工作部件往复运动的速度不相等，常用于实现机床设备中的快速退回和慢速工作进给。双作用单出杆液压缸两端有效作用面积不同，无杆腔进油产生的推力大于有杆腔进油的推力，当无杆腔进油时，能克服较大的外载荷。因此，它也常用在需要液压缸产生较大推力的场合。图2-1所示的液压机向下工进时需要慢速运动并要克服较大的工作阻力，向上退回时需要快速返回，这时选择双作用单出杆液压缸就非常合适。

双作用双出杆液压缸带动工作部件的往返速度一致，常应用于需要工作部件做等速往复直线运动的场合。图1-1所示磨床的工作台就是由双作用双出杆液压缸驱动的。对于差动液压缸，因为只需要较小的牵引力就能获得相等的往返速度，更重要的是可以使用小流量液压泵来得到较快的运动速度，所以在机床上应用也较多。例如，差动液压缸在组合机床上用于要求推力不大、速度相同的快进和快退工作循环的液压传动系统中。

其他种类的液压缸在前面多有描述，不再介绍。

 知识链接

液压缸的组成

液压缸由缸筒组件、活塞组件、密封装置、缓冲装置和排气装置5部分组成。这里主要简单介绍后3种装置的基本知识。

1. 密封装置

液压缸高压腔中的油液向低压腔泄漏称为内泄漏，液压缸中的油液向外部泄漏称为外泄漏。由于液压缸存在内泄漏和外泄漏，使得液压缸的容积效率降低，从而影响液压缸的工作性能，严重时会使系统压力上不去甚至无法工作，并且外泄漏还会污染环境。液压缸一般不允许外泄漏，并要求内泄漏尽可能小，因此为了防止泄漏的产生，液压缸中需要密封的地方必须采取相应的密封措施。液压缸中需要密封的部位主要有活塞、活塞杆、端盖等处。常用的密封方法有间隙密封和密封件密封。

图3-10所示为间隙密封原理，它是靠相对运动件配合面之间保持微小间隙，使其产生液体摩擦阻力来防止泄漏的一种密封方法。它常用于直径较小、压力较低的液压缸与活塞之间的密封。为了提高间隙密封的效果，一般可以在活塞上开几条环形均压槽。其作用：一是提高间隙密封的效果，当油液从高压腔向低压腔泄漏时，由于油路截面突然改变，在小槽中形成旋涡而产生阻力，使油液的泄漏量减少；二是阻止活塞轴线的偏移，从而有利于保持配合间隙，保证润滑效果，减少活塞与缸壁的磨损，增强

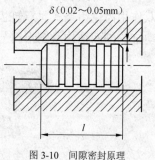

图3-10 间隙密封原理

间隙密封性能。

密封件密封目前多用非金属材料制成的各种形状的密封圈及组合式密封装置，如图 3-11 所示。液压缸的活塞和活塞杆、端盖和缸筒需要静密封，一般采用 O 形密封圈；液压缸的活塞和缸筒、活塞杆和端盖需要动密封，一般采用 Y 形或 V 形密封圈。

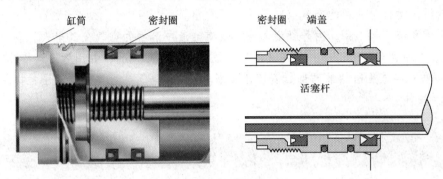

图 3-11　液压缸的密封圈及其安装位置

2. 缓冲装置

在液压系统中，当运动速度较高时，由于负载及液压缸活塞杆本身的质量较大，造成运动时的动量很大，使活塞运动到行程末端时，易与端盖发生很大的冲击。这种冲击不仅会引起液压缸的损坏，而且会引起各类阀、配管及相关机械部件的损坏，具有很大的危害性，所以在大型、高速或高精度的液压装置中，常在液压缸末端设置缓冲装置，使活塞在接近行程末端时，使回油阻力增加，从而减缓运动件的运动速度，避免活塞与液压缸端盖的撞击。图 3-12 所示为带缓冲装置的液压缸，它采用的缓冲装置是可调节流量缓冲装置。

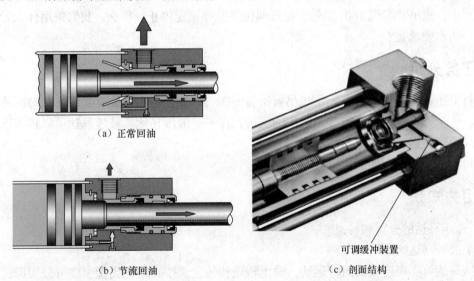

（a）正常回油

（b）节流回油　　　　　　　　（c）剖面结构

可调缓冲装置

图 3-12　液压缸的缓冲过程及剖面结构

3. 排气装置

运行液压缸前应将缸内的空气排净，否则运行时缸内气体被压缩，造成液压缸的抖动或爬行，并产生噪声。水平安装的液压缸进、出油口最好向上，便于气体的排出，或在液压缸的最高部位设置排气装置。对于速度稳定性要求较高的液压缸和大型液压缸，则必须安装排气装置。液压缸内混入空气主要有以下几方面的原因。

① 当液压系统长时间不工作时，系统中的油液由于本身重量的作用而流出。这时容易使空气进入系统，并在运行时被带入液压缸。

② 液压缸运行时残留的空气有时无法自行排出。

③ 由于系统密封不严，由外部混入空气或有油液中溶解的空气分离出来。

排气装置通常有两种：一种是在液压缸的最高部位开排气孔，并用管道连接排气阀进行排气；另一种是在液压缸的最高部位安装排气塞。这两种排气装置都是在液压缸排气时打开，排气完成后关闭。

任务二　选择液压马达

知识要点
- 液压马达的分类和工作原理。

技能要点
- 熟悉液压马达的图形符号。

汽车起重机是一种使用广泛的工程机械，这种机械能以较快速度行走，机动性好，适应性强，能在野外作业，操作简便灵活。一般在汽车起重机上采用液压起重技术，在功能上有这样的要求：使吊臂实现360°回转，在任何位置能够锁定停止。那么，我们采用什么元件来实现这一动作要求呢？

一、任务分析

分析上述任务可知，汽车起重机吊臂所需360°回转运动必须靠液压系统中的相关元件来驱动，这个元件就是液压传动系统中的执行元件——液压马达。液压马达可以将液压力转化为连续的回转运动。

现对液压马达简介如下。

二、相关知识

1. 液压马达的分类和特点

（1）液压马达的分类

液压马达可实现连续的回转运动，输出转矩和转速，按其结构类型主要可分为齿轮式、叶片式和柱塞式3类；按额定转速可分为高速液压马达和低速液压马达两类。高速液压马达额定转速高于500r/min，其特点为转速高，转动惯量小，便于启动和制动，调速和换向灵敏度高，但输出转矩较小，所以也称为高速小转矩液压马达，其基本形式有齿轮式、叶片式、轴向柱塞式等；低速液压马达额定转速小于500r/min，其主要特点是转速低（最低不到

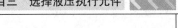

1r/min），排量大，体积大，可直接与工作机构相连，不需要减速装置，输出转矩大，它又称为低速大转矩液压马达，其基本形式是径向柱塞式。

（2）液压马达的特点

从能量转换的观点来看，液压泵与液压马达是可逆工作的液压元件。但是，液压马达有以下的特点。

① 液压马达的排油口压力稍大于大气压力，进、出油口直径相同。

② 液压马达往往需要正、反转，所以在内部结构上应具有对称性。

③ 在确定液压马达的轴承形式时，应保证在很宽的速度范围内都能正常工作。它通常采用滚动轴承或静压滑动轴承。

④ 液压泵在结构上必须保证具有自吸能力，液压马达在启动时必须保证较好的密封性。

⑤ 液压马达一般需要外泄油口。

⑥ 为改善液压马达的启动和工作性能，要求转矩脉动小，内部摩擦小。

液压泵和液压马达在结构上虽然相似，通过上述特点①～⑥可看出它们存在着差别，故不能相互替代。

图 3-13 所示为液压马达的图形符号。

2. 齿轮式液压马达

齿轮式液压马达的结构和工作原理与齿轮式液压泵类似，比较简单，主要用于高转速、小转矩的场合，也用作笨重物体旋转的传动装置。

（a）单向液压马达　　（b）双向液压马达

图 3-13　液压马达的图形符号

由于笨重物体的惯性起到飞轮作用，可以补偿旋转的波动性，因此齿轮式液压马达在起重设备中应用比较多。但是齿轮式液压马达输出转矩和转速的脉动性较大，径向力不平衡，在低速及负荷变化时运转的稳定性较差。齿轮式液压马达如图 3-14 所示。

齿轮式液压马达

图 3-14　齿轮式液压马达

3. 叶片式液压马达

叶片式液压马达是利用作用在转子叶片上的压力差工作的，其输出转矩与液压马达的排量及进、出油口压力差有关，转速由输入流量决定。叶片式液压马达的叶片一般径向放置，叶片底部应始终通有压力油。

叶片式液压马达的最大特点是体积小，惯性小，因此动作灵敏，可适用于换向频率较高的场合。但是，这种液压马达工作时泄漏较大，低速工作时不稳定，调速范围较小。所以叶片式液压马达主要适用于高转速、小

叶片式液压马达

转矩和动作要求灵敏的场合，也可以用于对惯性要求较小的各种随动系统中。叶片式液压马达的工作原理及实物如图3-15所示。

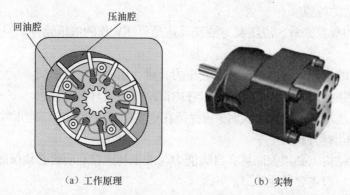

回油腔　压油腔

（a）工作原理　　　　　（b）实物

图3-15　叶片式液压马达的工作原理及实物

4. 柱塞式液压马达

柱塞式液压马达按其柱塞的排列方式不同，可分为径向柱塞式液压马达和轴向柱塞式液压马达。柱塞泵和柱塞式液压马达的结构基本相同，工作原理是可逆的，这里不再赘述。轴向柱塞式液压马达由于排量较小，输出转矩不大，所以是一种高速、小转矩的液压马达；径向柱塞式液压马达由于排量大，体积大，转速低，输出转矩大，因此是一种低速、大转矩的液压马达。柱塞式液压马达如图3-16所示。

图3-16　柱塞式液压马达

三、任务实施

通过前面的学习，我们知道了液压马达的分类和特点。任务引入中的汽车起重机吊臂需360°任意回转运动，其转台转动的速度要求不高，转动时的转动惯性较小，便于启动和制动，但要求的转矩大，可以采用柱塞式液压马达。

项目小结

本项目主要介绍了典型的液压缸、液压马达及其应用场合。

对于典型液压缸，应熟悉它们的名称、图形符号，了解它们的结构、工作时运动速度和推力的简单计算，为在实际工作中使用和调整液压设备打下基础。

对于液压马达，应熟悉它们的组成、工作原理及图形符号。

练习题

一、填空题

1. 液压缸按其结构形式可以分成_____、_____和_____3 类。按其作用方式可以分为_____和_____2 类。

2. 液压缸是将液体的_____能转换为_____能的能量转换装置。

3. 液压缸主要实现_____运动，液压马达主要实现_____运动。

4. 双作用单出杆活塞式液压缸的图形符号为_____，单向液压马达的图形符号为_____。

5. 流量是单位时间内进入液压缸的油液的_____，法定计量单位是_____。

6. 液压缸的密封方法有_____和_____。

7. 液压马达按额定转速可分为_____和_____2 类。

二、判断题（正确的在括号内画"√"，错误的在括号内画"×"）

1. 双作用单出杆活塞式液压缸的活塞，在两个方向所获得的推力不相等。（　　）

2. 柱塞式液压缸是双作用式液压缸。（　　）

3. 液压系统中，作用在液压缸活塞上的推力越大，活塞运动的速度越快。（　　）

4. 双作用双出杆活塞式液压缸，在往复两个方向上所获得的推力相等。（　　）

5. 低速液压马达可直接与工作机构相连，不需要减速装置。（　　）

三、选择题

1. 能实现差动连接的是（　　）。

（A）单出杆活塞式液压缸　　　　　　　（B）双出杆活塞式液压缸

（C）柱塞式液压缸　　　　　　　　　　（D）都可以

2. 作差动连接的单出杆活塞式液压缸，要使活塞往复运动速度相同，则要满足（　　）。

（A）活塞直径为活塞杆直径的 2 倍

（B）活塞直径为活塞杆直径的 $\sqrt{2}$ 倍

（C）活塞有效作用面积为活塞杆面积的 2 倍

（D）活塞有效作用面积为活塞杆面积的 $\sqrt{2}$ 倍

3. 液压系统中的执行元件是（　　）。

（A）电动机　　　（B）液压泵　　　（C）液压缸和液压马达　　　（D）液压阀

4. 液压缸活塞的有效作用面积一定时，液压缸活塞的运动速度取决于（　　）。

（A）液压缸中油液的压力　　　　　　　（B）负载的大小

（C）进入液压缸的油液的流量　　　　　（D）液压泵的输出流量

四、简答题

1. 简述差动连接的工作原理及应用场合。

2. 简述液压缸有时需要设置缓冲装置和排气装置的原因。

使用方向控制阀及方向控制回路

方向控制阀主要用来通断油路或改变油液流动的方向，从而控制液压执行元件的启动或停止，改变其运动方向。它主要有单向阀和换向阀。

在液压系统中，控制执行元件的启动、停止及换向作用的回路，称为方向控制回路。其典型控制回路有锁紧回路和换向回路。

本项目分析、介绍典型方向控制阀及典型方向控制回路的选择、使用。

任务一　使用单向阀及锁紧回路

知识要点
- 单向阀的类型、工作原理和特点。
- 单向阀的用途。

技能要点
- 熟悉单向阀的类型及图形符号。
- 能对锁紧回路的油路进行分析。

汽车起重机进行起重作业时支腿机构能将整车抬起，使汽车所有轮胎离地，免受起重载荷的直接作用，且液压支腿的支撑状态能长时间保持位置不变，防止起吊重物时出现软腿现象。那么，液压系统是用哪种液压元件来实现这一动作要求呢？又是怎样实现的？

一、任务分析

汽车起重机在进行起重作业时，其支腿机构主要是依靠液压缸活塞杆的伸缩来完成工作的，为使液压缸能可靠地停在某处而不受外界影响，可以利用单向阀来控制液压油的流动。下面介绍单向阀的相关知识。

二、相关知识

普通单向阀和液控单向阀都属于方向控制阀，不是压力控制阀。它们在压力控制回路中起着非常重要的作用，下面介绍其功能和应用。

1. 普通单向阀

（1）普通单向阀的工作原理和图形符号

普通单向阀的主要作用是控制油液的流动方向，使其只能单向流动。如图 4-1 所示，普通单向阀按进、出油流动方向可分为直通式和直角式两种。直通式单向阀进、出口在同一轴线上；直角式单向阀进、出口相对于阀芯来说是直角布置的。

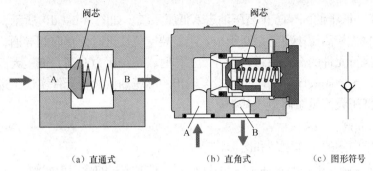

（a）直通式　　　　　　　（b）直角式　　　　　（c）图形符号

图 4-1　普通单向阀的工作原理及图形符号

当液流由 A 腔流入时，克服弹簧力将阀芯顶开，于是液流由 A 腔流向 B 腔；当液流反向流入时，阀芯在液压力和弹簧力的作用下关闭阀口，使液流截止，液流无法由 B 腔流向 A腔。普通单向阀中的弹簧主要用于克服阀芯的摩擦阻力和惯性力，使单向阀工作可靠，所以普通单向阀的弹簧刚度一般都选得较小，以免油液流动时产生较大的压降。普通单向阀开启压力一般为 0.035 ~ 0.05MPa，单向阀如图 4-2 所示。

图 4-2　普通单向阀

普通单向阀的
工作原理

（2）普通单向阀的用途

① 将普通单向阀安装于泵的出口处，防止系统压力突然升高反向传给泵，造成泵反转或损坏，并且在液压泵停止工作时，可以保持液压缸的位置，如图 4-3（a）所示。

② 选择液流方向，使压力油或回油只能按普通单向阀所限定的方向流动，构成特定的回路，如图 4-3（b）所示。

③ 将普通单向阀用作背压阀。普通单向阀中的弹簧主要用来克服阀芯的摩擦阻力和惯性力，为使单向阀工作灵敏可靠，普通单向阀的弹簧刚度都选得较小，以免油液流动时产生较大的压力降。若将普通单向阀中的弹簧换成较大刚度的，就可将其置于回油路中作背压阀使用。如图 4-3（c）所示，在液压缸的回油路上串入普通单向阀，利用普通单向阀弹簧产生的背压，可以提高执行元件运动的稳定性。这样还可以防止管路拆开时油箱中的油液经回油管外流。

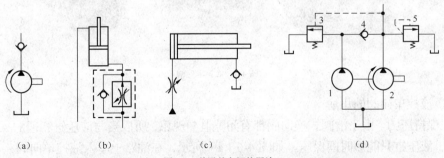

（a）　　　　　（b）　　　　　　（c）　　　　　　　　（d）

图 4-3　普通单向阀的用途

1—低压大流量泵；2—高压小流量泵；3、5—顺序阀；4—单向阀

④ 隔离高、低压油区，防止高压油进入低压系统。如图 4-3（d）所示，双泵供油系统由低压大流量泵 1 和高压小流量泵 2 组成。当需要空载快进时，单向阀导通，两个液压泵同时供油，实现执行元件的高速快进；当开始工作时，系统压力升高，低压大流量泵利用液控式顺序阀卸荷，单向阀关闭，高压小流量泵输出的高压油供执行元件实现工进。这样，高压油就不会进入低压大流量泵而造成其损坏。

2. 液控单向阀

（1）液控单向阀的工作原理和图形符号

在液压系统中除了上述的普通单向阀外，还有一种很常用的液控单向阀。液控单向阀在油液正向流动时与普通单向阀相同。它与普通单向阀的区别在于为液控单向阀的控制油路供给一定压力的油液，可使油液实现反向流动。

液控单向阀的
工作原理

液控单向阀的工作原理如图 4-4（a）～图 4-4（c）所示：控制口 K 处没有压力油通入时，在弹簧和球形阀芯的作用下，液压油只能由 A 口向 B 口流动，不能反向流动，这时它的功能相当于单向阀；当控制口 K 通入压力油时，控制活塞将阀芯顶开，则可以实现油液由 B 到 A 的反向流动。由于控制活塞有较大作用面积，所以 K 口的控制压力可以小于主油路的压力。

液控单向阀的图形符号如图 4-4（d）所示。

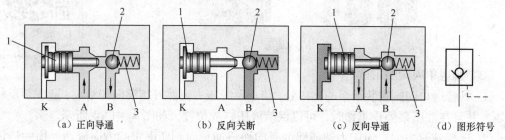

（a）正向导通　　　　（b）反向关断　　　　（c）反向导通　　　（d）图形符号

图 4-4　液控单向阀的工作原理及图形符号

1—控制活塞；2—阀芯；3—弹簧

液控单向阀如图 4-5 所示。

图 4-5　液控单向阀

（2）液控单向阀的用途

① 保持压力。由于滑阀式换向阀都有间隙泄漏现象，所以当与液压缸相通的 A、B 油口封闭时，液压缸只能短时间保压。如图 4-6（a）所示，在油路上串入液控单向阀，利用其座阀结构关闭时的严密性，可以实现较长时间的保压。

② 实现液压缸的锁紧。在图 4-6（b）所示的回路中，当换向阀处于中位时，两个液控单向阀的控制口通过换向阀与油箱相通，液控单向阀迅速关闭，严密封闭液压缸两腔的油液，液压缸活塞不会因外力而产生移动，从而实现比较精确的定位。这种让液压缸能在任何位置停止，并且不会因外力作用而发生位置移动的回路称为锁紧回路。

③ 大流量排油。如果液压缸两腔的有效工作面积相差较大，当活塞返回时，液压缸无杆腔的排油流量会骤然增大。此时回油路可能会产生较强的节流作用，限制活塞的运动速度。如图 4-6（c）所示在液压缸回油路加设液控单向阀，在液压缸活塞返回时，控制压力将液控单向阀打开，使液压缸左腔油液通过单向阀直接排回油箱，实现大流量排油。

④ 用作充油阀：立式液压缸的活塞在负载和自重的作用下高速下降，液压泵供油量可能来不及补充液压缸上腔形成的容积。这样就会使上腔产生负压，而形成空穴。在图 4-6（d）所示的回路中，在液压缸上腔加设一个液控单向阀，就可以利用活塞快速运动时产生的负压将油箱中的油液吸入液压缸无杆腔，保证其充满油液，实现补油的功能。

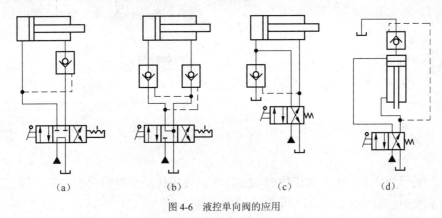

（a） （b） （c） （d）

图 4-6　液控单向阀的应用

三、任务实施

汽车起重机进行起重作业时，液压支腿的支撑状态能长时间保持位置不变，防止起吊重物时出现软腿现象。其实质就是对执行机构（液压缸）进行锁紧操作，采用图 4-6（b）所示的锁紧回路。由于液控单向阀的密封性能很好，从而能使液压缸长期锁紧，满足任务的要求。

 知识链接

液压与气压传动系统回路图的国家标准

用图形符号来表示液压或气压传动系统中的各个元件及其功能，并按设计需要进行组合以构成对一个实际控制问题的解决方案，这就构成了液压或气压传动系统的回路图。

回路图的绘制是整个液压或气压传动控制系统设计的核心部分。控制回路图的绘制应符合一定的规范。

① 回路图中的元件应按照中华人民共和国国家标准《流体传动系统及元件图形符号和回路图　第 1 部分：用于常规用途和数据处理的图形符号》（GB/T 786.1—2009）进行绘制。

② 回路图中应包括全部执行元件、主控阀和其他实现该控制回路的控制元件。

③ 除特殊需要，回路图一般不画出具体控制对象及发信装置的实际位置布置情况。

④ 回路图应表示整个控制回路处于工作程序最终节拍终了时的静止位置（初始位置）的状态。

⑤ 为方便阅读，气动回路图中元件的图形符号应按如下原则布置：能源布置在左下位置，各控制元件从下往上、从左到右按顺序布置，执行元件在回路图上部按从左到右的原则布置。

⑥ 管线在绘制时尽量用直线，避免交叉，连接处用黑点表示。

⑦ 为了便于气动回路的设计和对气动回路进行分析，可以对气动回路中的各元件进行编号，在编号时不同类型的元件所用的代表字母也应遵循一定的规则。例如：泵和空气压缩机——P；执行元件——A；原动机——M；传感器——S；阀——V；其他元件——Z（或用除上面提到的其他字母）。

任务二　使用换向阀及换向回路

知识要点
- 换向阀的种类、结构和工作原理及特点。
- 换向阀的中位机能。

技能要点
- 熟悉换向阀的命名和图形符号。
- 能对基本换向回路的油路进行分析。

图 4-7 所示为平面磨床，其工作台在工作中由液压传动系统带动做往复直线运动，那么液压传动系统中控制换向的是哪些元件？这些元件又是如何在系统中工作的？

一、任务分析

在液压系统中，当液压油进入液压缸的不同工作腔时，就能使液压缸带动工作台完成往复直线运动。这种能够使液压油进入不同的液压缸工作油腔，从而实现液压缸不同的运动方向的元件，称为换向阀。换向阀是如何改变和控制液压传动系统中油液流动的方向、油路的接通和关闭，从而来改变液压传动系统的工作状态的呢？下面简单介绍一下换向阀。

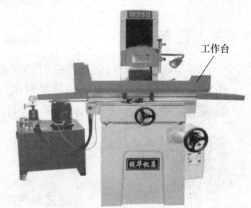

图 4-7　平面磨床

二、相关知识

换向阀是利用其阀芯对于阀体的相对位置，来接通、关闭油路或变换油液流动方向，实现液压执行元件的启动、停止或换向控制的。换向阀是液压系统中重要的控制元件。

1. 换向阀的操纵方式和典型结构

液压换向阀常用的操纵方式主要有手动、机动、电磁动、液动、电液动等。图 4-8 所示为常用操纵方式的图形符号表示方法。

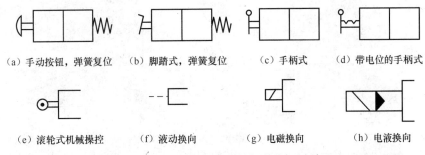

（a）手动按钮，弹簧复位　（b）脚踏式，弹簧复位　（c）手柄式　（d）带电位的手柄式

（e）滚轮式机械操控　（f）液动换向　（g）电磁换向　（h）电液换向

图 4-8　液压换向阀操控方式的图形符号表示方法

（1）手动换向阀

手动换向阀一般是利用手动杠杆来改变阀芯位置从而实现换向的。在图 4-9（a）中可以看到，换向阀弹簧腔设有泄油口 L，其作用是将阀右侧泄漏进入弹簧腔的油液排回油箱。如果弹簧腔的油液不能及时排出，不仅会影响换向阀的换向操作，积聚到一定程度还会自动推动阀芯移动，使设备产生错误动作造成事故。图 4-9（b）所示的换向阀由于弹簧腔与阀回油口直接相通，所以不需要另设泄油口。

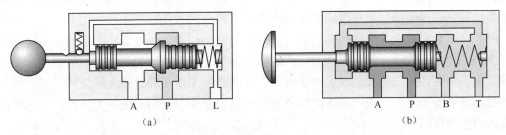

A　P　L

（a）

A　P　B　T

（b）

图 4-9　手动换向阀的结构

（2）机动换向阀

机动换向阀借助于安装在工作台上的挡铁或凸轮来迫使阀芯移动，从而达到改换油液流向的目的。机动换向阀主要用来检测和控制机械运动部件的行程，所以又称为行程阀。其结构与手动换向阀相似，这里不再叙述。

（3）电磁换向阀

液压电磁换向阀和气动系统中的电磁换向阀一样也是利用电磁线圈的通电吸合与断电释放，直接推动阀芯运动来控制液流方向的。电磁换向阀的结构如图 4-10 所示。

电磁换向阀按电磁铁使用的电源不同可分为交流型、直流型和本整型（本机整流型）3种类型。交流式电磁换向阀启动力大，不需要专门的电源，吸合、释放快速，但在电源电压下降 15%以上时，吸力会明显下降，影响工作可靠性；直流式电磁换向阀工作可靠，冲击小，允许的切换频率高，体积小，寿命长，但需要专门的直流电源；本整型电磁换向阀本身自带整流器，可将通入的交流电转换为直流电再供给直流电磁铁。

电磁换向阀按衔铁工作腔是否有油液还可以分为干式和湿式两种。干式电磁换向阀寿命短，易发热，易泄漏，所以目前大多采用湿式电磁换向阀。

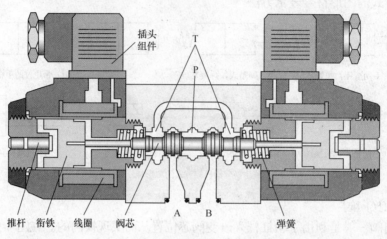

图 4-10　电磁换向阀的结构

（4）电液换向阀

在大中型液压设备中，当通过换向阀的流量较大时，作用在换向阀阀芯上的摩擦力和液动力就比较大，直接用电磁铁来推动阀芯移动比较困难，甚至无法实现，这时可以用电液换向阀来代替电磁换向阀。电液换向阀是由小型电磁换向阀（先导阀）和大型液动换向阀（主阀）两部分组合而成的。电磁换向阀起先导作用，它利用电气元件发出的电信号使电磁铁动作，推动主阀阀芯移动，改变主阀阀芯两端液压油的方向，液压油再去推动液动主阀阀芯使其位置发生改变，从而实现换向。由于电磁先导阀本身不需要通过很大的流量，因此可以比较容易实现电磁换向。而先导阀输出的液压油则可以产生很大的液压推力来推动主阀换向，因此液动主阀可以有很大的阀芯尺寸，允许通过较大的流量，这样就实现了用较小的电磁铁来控制较大的液流的目的。电液换向阀的工作原理如图 4-11 所示。

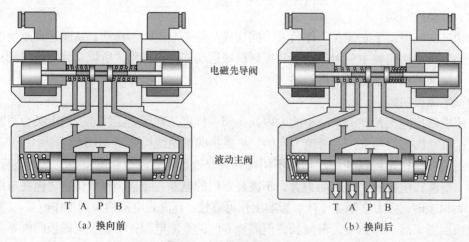

（a）换向前　　　　　　　　　　　　　　　　（b）换向后

图 4-11　电液换向阀的工作原理

电磁换向阀和电液换向阀都是电气系统与液压系统之间的信号转换元件。它们能直接利用按钮开关、行程开关、接近开关、压力开关等电气元件发出的电信号实现液压系统的各种操作及对执行元件的动作控制，是液压系统中最重要的控制元件。

各种常见液压换向阀如图4-12所示。

（a）手动换向阀　　　（b）机动换向阀　　　（c）电磁换向阀　　　（d）电液换向阀

图4-12　液压换向阀

2. 换向阀图形符号的含义

换向阀图形符号的含义，除了包括上面讲述的操纵方式外，"位"和"通"也是换向阀命名中的重要组成部分。"位"是指为了改变液流方向，阀芯相对于阀体所具有的不同的工作位置，即图形符号中有几个方格就代表有几位；"通"是指换向阀与系统相连的主油口接口数。例如，图4-13（a）所示的图形符号，应命名为"三位四通电磁换向阀"；图4-13（b）所示的图形符号，应命名为"二位二通电磁换向阀"。

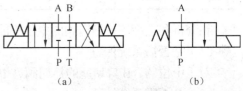

图4-13　换向阀图形符号的含义

图形符号的含义还包括以下几点。

① 方框内的箭头表示某个油路处于接通状态，但箭头的方向不一定表示液流的实际方向。

② 方框内符号"⊥"或"⊤"表示该通路不通。

③ 阀与系统供油路连接的进油口用字母P表示，阀与系统回油路连通的回油口用T表示，而阀与执行元件连接的油口用A、B、C等表示。有时在图形符号上用L表示泄漏油口。

④ 换向阀都有两个或两个以上的工作位置，其中一个为常态位，即阀芯未受到操纵力时所处的位置。绘制系统图时，油路一般应连接在换向阀的常态位上。图4-13（a）所示的中位是三位阀的常态位。利用弹簧复位的二位阀则以靠近弹簧的方框内的通路状态视为其常态位，如图4-13（b）所示的左位，实际上该阀是常闭式的（即常态时P口与A口是断开的）。二位二通换向阀还有一种是常开式的，请读者自己思考一下它的图形符号是怎样的。

3. 换向阀的中位机能

液压系统中所用的三位换向阀，当其阀芯处于中间位置时各油口的连通情况称为换向阀的中位机能。不同的中位机能，可以满足液压系统的不同要求，在设计液压回路时应根据不同的中位机能所具有的特性来选择换向阀。常用三位换向阀的中位机能如表4-1所示。

表 4-1 　　　　　　　　　　　三位换向阀的中位机能

类型	O 型 中 位	M 型 中 位	H 型 中 位	Y 型 中 位	P 型 中 位
图形符号					
机能	中位时，换向阀各油口全部关闭，液压缸锁紧。液压泵不卸荷，并联的其他液压执行元件运动不受影响。由于液压缸中充满油液，从静止到启动较平稳，但换向冲击大	中位时，液压缸锁紧，换向阀进、回油口 P、T 相互导通，液压泵卸荷，不能并联其他执行元件。由于液压缸中充满油液，从静止到启动较平稳，但换向冲击大	中位时，换向阀各油口互通，液压缸浮动，液压泵卸荷，其他执行元件不能并联使用。由于液压缸的油液流回油箱，从静止到启动有冲击，换向较平稳，但前冲量较大	中位时，液压缸浮动，液压泵卸荷，可并联其他执行元件，其运动不受影响。由于液压缸中油液流回油箱，启动有冲击，换向较平稳，但前冲量较大	中位时，回油口 T 关闭，进油口 P 和两液压缸口连通，形成差动回路。液压泵不卸荷，可并联其他执行元件。启动较平稳，由于液压缸两腔均通压力油，换向冲击最小

在分析和选择三位换向阀的中位机能时，通常应考虑以下几个问题。

（1）是否需系统保压

对于中位 A、B 口堵塞的换向阀，中位具有一定的保压作用。

（2）是否需系统卸荷

对于中位 P、T 口导通的换向阀，可以实现系统卸荷。但此时如并联有其他工作元件，会使其无法得到足够的压力而不能正常动作。

（3）启动平稳性要求

在中位时，如液压缸某腔通过换向阀 A 口或 B 口与油箱相通，会造成启动时该腔无足够的油液进行缓冲，从而使启动平稳性变差。

（4）换向平稳性和换向精度要求

对于中位时与液压缸两腔相通的 A、B 口均堵塞的换向阀，换向时油液有突然的速度变化，易产生液压冲击，换向平稳性差，但换向精度则相对较高。相反，如果换向阀与液压缸两腔相通的 A、B 口均与 T 口相通，换向时具有一定的缓冲作用，换向比较平稳，液压冲击小，但工作部件的制动效果差，换向精度低。

（5）是否需液压缸"浮动"和能在任意位置停止

如中位时换向阀与液压缸相连的 A、B 口相通，水平放置的液压缸就呈浮动状态，可以通过其他机械装置调整其活塞的位置。如果中位时换向阀 A、B 口均堵塞，则可以使液压缸活塞在任意位置停止。

4．换向回路

换向回路的功用是改变执行元件的运动方向。各种操纵方式的换向阀都可组成换向回路，只是性能和使用场合不同。这些回路将在以后各项目中进行介绍，此处不再列举。

三、任务实施

现在以平面磨床工作台为例说明换向阀在方向控制回路中的应用。

因为工作台在工作时，需要自动地完成往返运动，所以可以考虑选择三位四通电磁换向阀控制双作用双出杆液压缸的运动方向，从而带动工作台实现所需的工作要求，其方向控制回路如图 4-14 所示。

此外，根据对磨床工作台控制要求的不同，还可选择其他形式的换向阀，请读者自己分析。

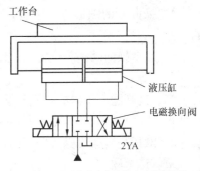

图 4-14　平面磨床工作台的方向控制回路

 实训操作

在液压实训台上连接平面磨床工作台的方向控制回路，要求如下。

（1）能看懂方向控制回路图（见图 4-14），并能正确选用液压元件。

（2）安装元件时要规范，各元件在工作台上合理布置。

（3）用油管正确连接元件的各油口。

（4）检查各油口连接情况后，启动液压泵，利用三位四通电磁换向阀来控制执行元件的运动。

项目小结

本项目主要讲解了典型的方向控制阀、方向控制回路及其应用场合。

对于典型方向控制阀，应熟悉它们的名称、图形符号，了解它们的结构、工作原理，为正确分析和使用典型方向控制回路打下基础。尤其要掌握换向阀的命名及三位换向阀的中位机能。

对于典型方向控制回路，应熟悉它们的组成、工作原理及特点，为今后能够正确分析较为复杂的液压系统做好准备。

练习题

一、填空题

1. 普通单向阀的图形符号为＿＿＿＿＿＿，液控单向阀的图形符号为＿＿＿＿＿。

2. 换向阀是利用其＿＿＿＿＿＿对于＿＿＿＿＿＿的相对位置，来接通、关闭油路或变换油液流动方向的。

3. 换向阀中位机能为＿＿＿＿＿＿＿＿＿型的换向阀，在换向阀处于中间位置时液压泵卸荷；而

_____型的换向阀处于中间位置时可使液压泵保持压力（各横线上只填写一种类型）。

4. 换向阀的图形符号中有几个方格就代表有_____；"通"是指换向阀与系统相连的_____。

5. 改变换向阀阀芯位置的控制方式有_____、_____、_____、_____、_____等。

二、判断题（正确的在括号画"√"，错误的在括号画"×"）

1. 所有单向阀都只能单向通油。 （   ）

2. 液控单向阀可以实现双向通油。 （   ）

三、选择题

1. 为保证锁紧迅速、准确，采用了双向液压锁的汽车起重机支腿油路的换向阀应选用（   ）中位机能。

（A）H型 　　　　　（B）M型 　　　　　（C）Y型 　　　　　（D）P型

2. 将单向阀安装于液压泵出口处是为了（   ）。

（A）保护液压泵 　　　　　（B）起背压作用 　　　　　（C）选择液流方向

3. 能使液压缸锁紧的换向阀应选用（   ）中位机能。

（A）O型 　　　　　（B）H型 　　　　　（C）Y型 　　　　　（D）P型

四、简答题

1. 简述换向阀图形符号的含义。

2. 液压与气压传动系统回路图的国家标准有哪些？

项目五

使用压力控制阀及压力控制回路

在具体的液压系统中，根据工作需要的不同，对压力控制的要求也各不相同，有的需要限制液压系统的最高压力，如安全阀；有的需要稳定液压系统中某处的压力值，如溢流阀、减压阀等；还有的是利用液压力作为信号控制其动作，如顺序阀、压力继电器等。

压力控制回路是利用压力控制阀来控制液压系统整体或某一部分的压力，以满足液压执行元件对力或转矩要求的回路。这类回路包括调压、减压、增压、卸荷、顺序动作等多种类型。

本项目就来分析、讲解典型压力控制阀及典型压力控制回路的选择及使用。

任务一　使用溢流阀及调压回路

知识要点
● 溢流阀的类型、结构、工作原理及特点。
● 溢流阀的应用。

技能要点
● 熟悉溢流阀的类型及图形符号。
● 能够正确、合理调节系统压力。
● 能够正确分析、连接调压回路。

液压式压锻机在工作时需克服很大的材料变形阻力，这就需要液压系统主供油回路中的液压油提供稳定的工作压力。同时，为了保证系统安全，还必须保证系统过载时能有效地卸荷。那么在液压传动系统中是依靠什么元件来实现这一目的的呢？这些元件又是如何工作的呢？

一、任务分析

稳定的工作压力是保证系统正常工作的前提条件。同时，一旦液压传动系统过载，若无有效的卸荷措施，将会使液压传动系统中的液压泵处于过载状态，很容易发生损坏，液压传动系统中其他元件也会因超过自身的额定工作压力而损坏。因此，液压传动系统必须能有效地控制系统压力，担负此项任务的就是压力控制阀。在液压传动系统中控制油液压力的阀称为压力控制阀，简称压力阀。常用的压力阀有溢流阀、减压阀、顺序阀等。它们的共同特点是利用作用于阀芯上的油液压力和弹簧弹力相平衡的原理来进行工作。其中溢流阀在系统中的主要作用是稳压和卸荷。下面介绍溢流阀的相关知识。

溢流阀

二、相关知识

在液压系统中常用的溢流阀有直动式和先导式两种。直动式溢流阀常用于低压系统，先导式溢流阀常用于中、高压系统。

1. 直动式溢流阀

图 5-1 所示为直动式溢流阀，图 5-2 所示为其结构图和图形符号。其中，弹簧用来调节溢流阀的溢流压力，假设 p 为作用在阀芯端面上的液压力，F 为弹簧弹力，阀芯左端的工作面积为 A。由图 5-2（a）可知，当 $pA < F$ 时，阀芯在弹簧弹力的作用下往左移，阀口关闭，没有油液从 P 口经 T 口流回油箱；当系统压力升高到 $pA > F$ 时，弹簧被压缩，阀芯右移，阀口打开，部分油液从 P 口经 T 口流回油箱，限制系统压力继续升高，使压力保持在 $p = F/A$ 的恒定数值。调节弹簧弹力 F，即可调节系统压力的大小。所以，溢流阀工作时，阀芯随着系统压力的变动而左右移动，从而使系统压力近似于恒定。

图 5-1　直动式溢流阀

直动式溢流阀的结构简单，灵敏度高，但压力波动受溢流量的影响较大，不适于在高压、大流量下工作。因为当溢流量较大引起阀的开口变化较大时，弹簧变形较大，即弹簧力变化大，溢流阀进口压力也随之发生较大变化。故直动式溢流阀调压稳定性差，定压精度低，一般用于压力小于 2.5MPa 的小流量系统中。

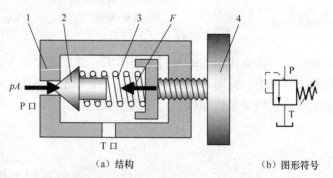

（a）结构　　　　　　　　（b）图形符号

图 5-2　直动式溢流阀的结构图及图形符号

1—阀体；2—阀芯；3—调压弹簧；4—调节手轮

2. 先导式溢流阀

图 5-3 所示为先导式溢流阀，它由先导阀和主阀两部分组成。该阀的工作原理如下：如图 5-4 所示，在 K 口封闭的情况下，当压力油由 P 口进入时，通过阻尼孔 2 后作用在导阀阀芯 4 上。当压力不高时，作用在导阀阀芯上的液压力不足以克服导阀弹簧 5 的作用力，导阀关闭。这时油液静止，主阀阀芯 1 下方的压力 p_1 和主阀弹簧 3 上方的压力 p_2 相等。在主阀弹簧的作用下，主阀阀芯关闭，P 口与 T 口不能形成通路，没有溢流。

先导式溢流阀

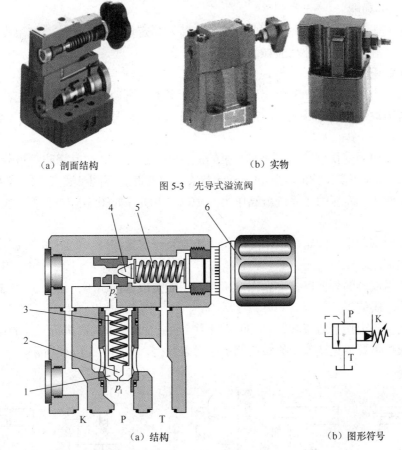

（a）剖面结构 （b）实物

图 5-3　先导式溢流阀

（a）结构 （b）图形符号

图 5-4　先导式溢流阀的结构及图形符号

1—主阀阀芯；2—阻尼孔；3—主阀弹簧；4—导阀阀芯；5—导阀弹簧；6—调节手轮

当进油口 P 口压力升高，使作用在导阀上的液压力大于导阀弹簧弹力时，导阀阀芯右移，油液就可从 P 口通过阻尼孔经导阀流向 T 口。由于阻尼孔的存在，油液经过阻尼孔时会产生一定的压力损失 Δp，所以阻尼孔下部的压力高于上部的压力，即主阀阀芯的下部压力 p_1 大于上部的压力 p_2。这个压差 $\Delta p = p_1 - p_2$ 的存在使主阀芯上移，打开阻尼孔，可以使油液从 P 口向 T 口流动，实现溢流。由于阻尼孔两端压差不会太大，为保证可以实现溢流，主阀的弹簧刚度不能太大。

先导式溢流阀的 K 口是一个远程控制口。当将其与另一远程调压阀相连时，就可以通过它调节溢流阀主阀上端的压力，从而实现溢流阀的远程调压。当通过二位二通电磁换向阀接油箱时，就能在电磁换向阀的控制下对系统进行卸荷。

如图 5-4 所示，通过导阀的打开和关闭来控制主阀芯的启闭动作。压力油与导阀上的弹簧作用力相平衡，由于导阀的阀芯一般为锥阀，受压面积很小，所以用一个刚度不大的弹簧就可以对一个高的开启压力进行调节。主阀弹簧在系统压力很高时，也无需很大的力来与之平衡，所以可以用于中、高压系统。

应当注意，溢流阀只能实现油液从 P 口向 T 口的流动，不可能出现 T 口向 P 口的流动。如果需要在油液双向流动的管路中装设溢流阀，则必须并联一个单向阀来保证油液的反向流动。

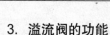
3. 溢流阀的功能

溢流阀在液压系统中有着非常重要的地位，特别是定量泵供油系统，如果没有溢流阀，几乎无法工作。溢流阀的主要功能如下。

（1）溢流调压

在液压系统中用定量泵和节流阀进行调速时，溢流阀可使系统的压力恒定，并且节流阀调节的多余压力油可以通过溢流阀溢流回油箱，即利用溢流阀进行分流，如图5-5（a）所示。

（2）限压保护

在液压系统中用变量泵进行调速时，泵的压力随负载变化，这时需防止过载，即设置安全阀（溢流阀）。在正常工作时此阀处于常闭状态，过载时打开阀口溢流，使压力不再升高。通常这种溢流阀的调定压力比系统最高压力高10%～20%，如图5-5（b）所示。

（3）卸荷

先导式溢流阀与电磁阀组成电磁溢流阀，控制系统实现卸荷，如图5-5（c）所示。

（4）远程调压

将先导式溢流阀的外控口接上远程调压阀，便能实现远程调压，如图5-5（d）所示。

（5）作背压阀使用

在系统回油路上接上溢流阀，造成回油阻力，形成背压，可提高执行元件的运动平稳性。背压大小可根据需要通过调节溢流阀的调定压力来获得，如图5-5（e）所示。

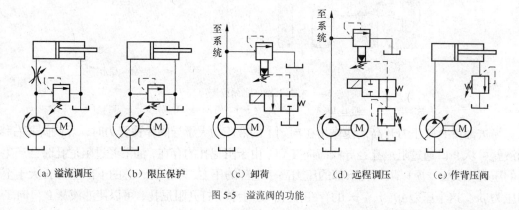

(a) 溢流调压　　（b）限压保护　　　（c）卸荷　　　（d）远程调压　　（e）作背压阀

图 5-5　溢流阀的功能

三、任务实施

前面已经学习了有关溢流阀的知识，下面就利用溢流阀来完成压锻机液压系统的设计。

压锻机工作时，系统的压力必须与负载相适应，这可以通过溢流阀调整回路的压力来实现。这种用溢流阀来控制整个系统和局部压力的液压回路称为调压回路。

调压回路能控制整个系统或局部的压力，使之保持恒定或限定其最高值。还可以通过设定溢流阀限定系统的最高压力，防止系统过载。常见的调压回路有以下几种。

1. 单级调压回路

图5-6所示为采用单级调压回路设计的压锻机液压控制回路。图中只绘出主供油回路，执行部分读者可以运用已学知识自行完成。

图 5-6 所示的液压回路的工作原理如下：系统由定量泵供油，采用节流阀调节进入液压缸的流量，使活塞获得需要的运动速度。因为定量泵输出的流量大于液压缸的所需流量，所以多余部分的油液就从溢流阀流回油箱。这时，泵的出口压力便稳定在溢流阀的调定压力上。调节溢流阀便可调节泵的供油压力，溢流阀的调定压力必须大于液压缸最大工作压力和油路上各种压力损失的总和。根据溢流阀的

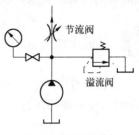

图 5-6　单级调压回路

压力流量特性可知，在溢流量不同时，压力调定值是稍有变动的。

2. 远程调压回路

图 5-7 所示为远程调压回路，在先导式溢流阀 1 的远控口处接上一个远程调压阀 3，则回路压力可由阀 3 远程调节，从而实现对回路压力的远程调节控制。但此时要求主溢流阀 1 必须是先导式溢流阀，且阀 1 的调定压力（阀 1 中先导阀的调定压力）必须大于阀 3 的调定压力，否则远程调压阀 3 将不起远程调压作用。

3. 三级调压回路

利用先导式溢流阀、远程调压阀和电磁换向阀的有机组合，能够实现回路的多级调压。图 5-8 所示为三级调压回路。主溢流阀 1 的远控口通过三位四通换向阀 4 可以分别接到具有不同调定压力的远程调压阀 2 和 3 上。

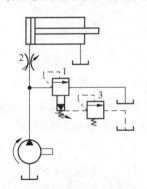

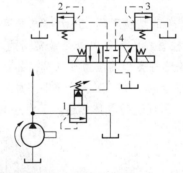

多级调压回路的
工作原理

图 5-7　远程调压回路　　　图 5-8　三级调压回路

1—先导式溢流阀；2—可调节流阀；3—远程调压阀　1—主溢流阀；2、3—远程调压阀；4—三位四通换向阀

当阀 4 处于左位时，阀 2 与阀 1 接通，此时回路压力由阀 2 调定；当阀 4 处于右位时，阀 3 与阀 1 接通，此时回路压力由阀 3 调定；当换向阀处于中位时，阀 2 和阀 3 都没有与阀 1 接通，此时回路压力由阀 1 来调定。

在上述回路中要求阀 2 和阀 3 的调定压力必须小于阀 1 的调定压力。其实质是用 3 个先导阀分别对一个主溢流阀进行控制，通过一个主溢流阀的工作，使系统得到 3 种不同的调定压力，并且 3 种调压情况下通过调压回路的绝大部分流量的油液都经过阀 1 的主阀阀口流回油箱，只有极少部分经过阀 2、阀 3 或阀 1 的先导阀流回油箱。

压锻机工作时主供油回路的作用是向整个系统提供稳定压力的液压油及防止系统过载，

因此采用由溢流阀组成的单级调压回路（见图 5-6）即可满足要求。

 实训操作

在液压实训台上正确连接与安装三级调压回路，要求如下。

1．能看懂调压回路图（见图 5-8），并能正确选用元器件。

2．安装元器件时要规范，各元器件在工作台上合理布置。

3．用油管正确连接元器件的各油口。

4．检查各油口连接情况后，启动液压泵，观察压力表上显示的系统压力值。

5．调节溢流阀调压手柄，观察压力表显示值变化情况。

 知识链接

压力继电器

液压传动系统中，用溢流阀可以控制整个系统的压力。那么当液压回路中需要各个支路的工作由不同的压力来控制时，应如何来控制呢？这就需要用到压力继电器。

压力继电器是一种将油液的压力信号转换成电信号的电液控制元件。当油液压力达到压力继电器的调定压力时，压力继电器发出电信号，控制电磁铁、电磁离合器、继电器等元件动作，使油路卸压、换向，使执行元件实现顺序动作；或者关闭电动机，使系统停止工作，起安全保护等作用。

按压力-位移转换部件的结构不同，压力继电器可分为柱塞式、弹簧管式、膜片式和波纹管式 4 种类型。其中，柱塞式压力继电器是最常用的。

如图 5-9 所示，不论哪种类型的压力继电器，都是利用油液压力来克服弹簧弹力，使微动开关触点闭合，发出电信号的。改变弹簧的预压缩量就能调节压力继电器的动作压力。这里就不再对压力继电器的工作原理进行具体描述。压力继电器的剖面结构及实物如图 5-10 所示。

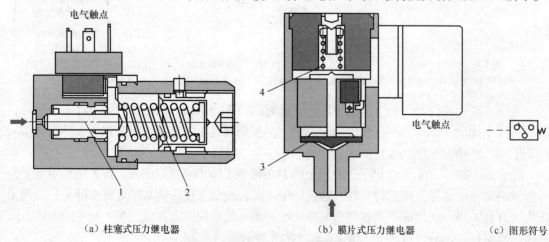

（a）柱塞式压力继电器　　　　（b）膜片式压力继电器　　　　（c）图形符号

图 5-9　压力继电器的工作原理及图形符号

1—柱塞；2、4—弹簧；3—膜片

（a）剖面结构　　　　　　　　　（b）实物

图 5-10　压力继电器的剖面结构及实物

任务二　使用减压阀及减压回路

知识要点
- 减压阀的结构和工作原理及特点。
- 减压阀的应用。

技能要点
- 熟悉减压阀的图形符号。
- 能对减压回路进行分析。

图 5-11 所示为液压钻床，钻头的进给和零件的夹紧都是由液压系统来控制的。由于加工的零件不同，加工时所需的夹紧力也不同，所以工作时液压缸 A 的夹紧力必须能够固定在不同的压力值。要达到这一要求，系统中应采用什么样的液压元件来控制呢？它们又是如何工作的呢？

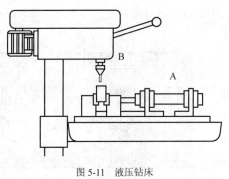

图 5-11　液压钻床
A、B—液压缸

一、任务分析

分析上述任务可以知道，要控制液压缸 A 的夹紧力，就要求输入端的液压油压力能够随输出端的压力降低而自动减小，实现这一功能的液压元件就是减压阀。那么减压阀在系统中是如何工作的呢？下面学习这方面的知识。

二、相关知识

1. 定值减压阀

根据所控制的压力不同，减压阀可分为定压（定值）减压阀、定差减压阀和定比减压阀，这里主要介绍定值减压阀。

图 5-12 所示为定值减压阀的剖面结构及实物，定值减压阀能将其出口压力维持在一个定值，常用的有直动式减压阀、先导式减压阀。

减压阀的工作原理

（a）剖面结构 （b）实物

图 5-12 定值减压阀的剖面结构及实物

直动式减压阀的工作原理如图 5-13 所示。当其出口压力未达到调压弹簧的预设值时，阀芯处于最左端，阀口全开。随着出口压力逐渐上升并达到设定值时，阀芯右移，阀口开度逐渐减小直至完全关闭。如果忽略其他次要因素，仅考虑作用在阀芯上的液压力和弹簧力相平衡的条件，则可以认为减压阀出口压力不会超过通过弹簧预设的调定值。

减压阀的稳压过程为：当减压阀输入压力变大时，出口压力随之增大，阀芯也相应右移，使阀口开度减小，阀口处压降增加，出口压力回到调定值；当减压阀输入压力变小时，出口压力减小，阀芯相应左移，使阀口开度增大，阀口处压降减小，出口压力也会回到调定值。通过这种输出压力的反馈作用，可以使其输出压力基本保持稳定。定值减压阀的图形符号如图 5-14 所示。

定值减压阀与直动式溢流阀的区别是：前者为出口压力控制，阀口常开；后者为进口压力控制，阀口常闭。

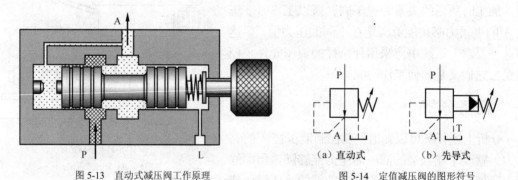

图 5-13 直动式减压阀工作原理

图 5-14 定值减压阀的图形符号

（a）直动式 （b）先导式

2. 减压回路

减压回路的功能在于使系统某一支路上具有低于系统压力的稳定工作压力，如在机床的零件夹紧、导轨润滑及液压系统的控制油路中常需用减压回路。

最常见的减压回路是在所需低压的分支路上串接一个定值输出减压阀，如图 5-15（a）所示。回路中的单向阀 4 在主油路压力由于某种原因低于减压阀 2 的调定值时，用于防止油液倒流，使液压缸 5 的压力不会因受到干扰而突然降低，起到液压缸 5 短时保压作用。

图 5-15（b）所示为二级减压回路，减压阀 3 的调定压力必须低于减压阀 2。液压泵的最大工作压力由溢流阀 1 调定。要使减压阀能稳定工作，其最低调整压力应高于 0.5MPa，最高调整压力应至少比系统压力低 0.5MPa。由于减压阀工作时存在阀口压力损失和泄漏口的容积损失，因此这种回路不宜在需要压力降低很多或流量较大的场合使用。

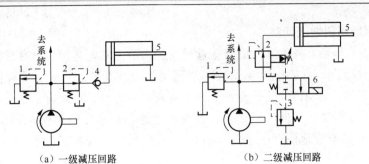

（a）一级减压回路　　　　　　　　（b）二级减压回路

图 5-15　减压回路

1—溢流阀；2、3—减压阀；4—单向阀；5—液压缸；6—换向阀

三、任务实施

针对任务引入提出的要求，可以利用减压阀来控制液压缸 A 的夹紧力，减压回路可参见图 5-15（a）。可根据加工零件的不同，通过调整减压阀上的调整旋钮，使液压缸获得不同的夹紧力，从而保证钻削工作的顺利进行。

 知识链接

增压回路

目前，国内外常规液压系统的最高压力等级只能达到 32～40MPa，当液压系统需要更高压力等级时，可以通过增压回路等方法实现这一要求。增压回路用来使系统中某一支路获得比系统压力更高的压力油，增压回路中实现油液压力放大的主要元件是增压器，增压器的增压比取决于增压器大、小活塞的面积之比。

1. 单作用增压器增压回路

图 5-16（a）所示为使用单作用增压器的增压回路，它适用于单向作用力大、行程小、作业时间短的场合，如制动器、离合器等。其工作原理如下：当换向阀处于右位时，增压器 1 输出压力为 $p_2 = p_1 A_1 / A_2$ 的压力油进入工作缸 2；当换向阀处于左位时，工作缸 2 靠弹簧弹力回程，高位油箱 3 的油液在大气压力作用下经油管顶开单向阀向增压器 1 右腔补油。采用这种增压方式，液压缸不能获得连续稳定的高压油源。

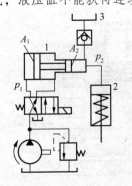

（a）单作用增压器增压回路

1—增压器；2—工作缸；3—油箱

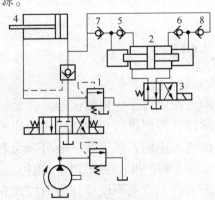

（b）双作用增压器增压回路

1—顺序阀；2—增压器；3—换向阀；4—工作缸；5、6、7、8—单向阀

图 5-16　增压回路

2. 双作用增压器增压回路

图 5-16（b）所示为采用双作用增压器的增压回路，它能连续输出高压油，适用于增压行程要求较长的场合。当工作缸 4 向左运动遇到较大负载时，系统压力升高，油液经顺序阀 1 进入双作用增压器 2，增压器活塞不论向左或向右运动，均能输出高压油，只要换向阀 3 不断切换，增压器 2 就不断往复运动，高压油就连续经单向阀 7 或 8 进入工作缸 4 右腔，此时单向阀 5 或 6 有效地隔开了增压器的高、低压油路。工作缸 4 向右运动时增压回路不起作用。

任务三 使用顺序阀及顺序动作回路

知识要点
- 顺序阀的结构和工作原理及特点。
- 顺序动作回路的分析。

技能要点
- 熟悉顺序阀的图形符号。
- 能对顺序动作回路进行分析。

由上一任务我们已知在图 5-11 所示的液压钻床的工作中，零件的夹紧是由液压系统中的减压阀来控制的。同时，为了保证安全，液压缸 B 必须在液压缸 A 夹紧力达到规定值时才能推动钻头进给。要达到这一要求，系统中应采用什么样的液压元件来控制这些动作呢？它们又是如何工作的呢？

一、任务分析

分析上述任务可以知道，系统要求液压缸 B 必须在液压缸 A 夹紧力达到规定值时才能动作，即动作前需要通过检测液压缸 A 的压力，把液压缸 A 的压力作为控制液压缸 B 动作的信号。在液压系统中可以使用顺序阀通过压力信号来接通和断开液压回路，从而达到控制执行元件动作的目的。那么顺序阀在系统中是如何工作的呢？下面学习这方面的知识。

二、相关知识

1. 顺序阀

顺序阀是把压力作为控制信号，自动接通或切断某一油路，控制执行元件做顺序动作的压力阀。根据结构的不同，顺序阀一般可分为直控顺序阀（简称顺序阀）和液控顺序阀（远控顺序阀）两种；按压力控制方式不同可分为内控式和外控式。这里主要了解直控顺序阀。

图 5-17 所示的直动式内控顺序阀的结构图与直

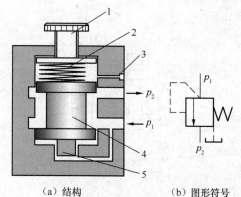

（a）结构　　　　　（b）图形符号

图 5-17 直动式内控顺序阀的结构及图形符号

1—调节手轮；2—调压弹簧；3—泄油口；
4—阀芯；5—控制柱塞

动式溢流阀的结构图相似。当进口油液压力较小时，阀芯 4 在调压弹簧 2 的作用下处于下端位置，进油口和出油口互不相通。当作用在阀芯下方的油液压力大于弹簧预紧力时，阀芯上移，进、出油口导通，油液可以从出油口流出，去控制其他执行元件动作。通过调节手轮 1 可以对调压弹簧的预紧力进行设定，从而调整顺序阀的动作压力。

直动式顺序阀与直动式溢流阀的区别如下。

（1）结构方面的不同

顺序阀的输出油液不直接回油箱，所以弹簧侧的泄油口必须单独接回油箱。为减小调节弹簧的刚度，顺序阀的阀芯上一般设置有控制柱塞。为了使执行元件准确实现顺序动作，要求顺序阀的调压精度高，偏差小，关闭时内泄漏量小。

（2）作用方面的不同

溢流阀主要用于限压、稳压以及配合流量阀用于调速；顺序阀则主要用来根据系统压力的变化情况控制油路的通断，有时也可以将它当作溢流阀来使用。

直动式外控顺序阀的工作原理及图形符号如图 5-18 所示。它与内控顺序阀的区别在于阀芯的开闭是通过调节油口 K 的外部油压来控制的。

先导式顺序阀结构与先导式溢流阀的结构类似，其工作原理不再具体描述。

顺序阀如图 5-19 所示。

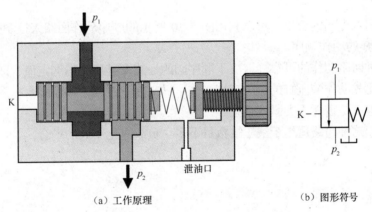

（a）工作原理　　　　　　　　　　（b）图形符号

图 5-18　直动式外控顺序阀的工作原理及图形符号

2. 顺序阀控制的顺序动作回路

图 5-20 所示为顺序阀控制的顺序动作回路。工作时液压系统的动作顺序为：夹具夹紧零件→工作台进给→工作台退出→夹具松开零件。其控制回路的工作过程如下：回路工作前，夹紧缸 1 和进给缸 2 均处于起点位置，当换向阀 5 左位接入回路时，夹紧缸 1 的活塞向右运动使夹具夹紧零件，夹紧零件后会使回路压力升高到顺序阀 3 的调定压力，顺序阀 3 开启，此时进给缸 2 的活塞才能向右运动进行切削加工；加工完毕，通过手动或操纵装置使换向阀 5 右位接入回路，进给缸 2 活塞先退回到左端点后，引起回路压力升高，使顺序阀 4 开启，夹紧缸 1 活塞退回原位将夹具松开。这样即完成一个完整的多缸顺序动作循环。

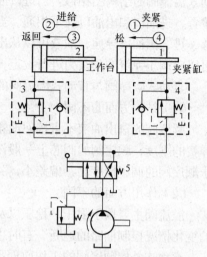

图 5-19 顺序阀

图 5-20 顺序阀控制的顺序动作回路

1—夹紧缸；2—进给缸；3、4—顺序阀；5—换向阀

三、任务实施

针对任务引入提出的要求，可以利用图 5-20 所示的顺序动作回路来控制图 5-11 中液压缸 A 和液压缸 B 的动作顺序。

显然，这种回路动作的可靠性取决于顺序阀的性能及其压力的调定值，即每个顺序阀的调定压力必须比先动作液压缸的压力高出 0.8～1.0MPa。否则，顺序阀易在系统压力波动中造成误动作，也就是零件未夹紧就钻孔。

由此可见，这种回路适用于液压缸数目不多、负载变化不大的场合。

 知识链接

顺序动作回路

顺序动作回路的功用在于使几个执行元件严格按照预定顺序依次动作。按控制方式不同，顺序动作回路分为压力控制和行程控制两种。

1. 压力控制顺序动作回路

利用液压系统工作过程中运动状态变化引起的压力变化使执行元件按顺序先后动作，这种回路就是压力控制顺序动作回路。除了上面提到的顺序阀控制的顺序动作回路外，还包括压力继电器控制顺序动作回路。

如图 5-21 所示，按启动按钮，电磁铁 1YA 得电，电磁换向阀 3 的左位接入回路，工作缸 1 活塞前进到右端点后，回路压力升高，压力继电器 1K 动作，使电磁铁 3YA 得电，电磁换向阀 4 的左位接入回路，工作缸 2 活塞向右运动；按返回按钮，1YA、3YA 同时失电，且 4YA 得电，使电磁换向

顺序动作回路——
压力控制

阀 3 中位接入回路、电磁换向阀 4 右位接入回路，导致缸 1 锁定在右端点位置，缸 2 活塞向左运动，当工作缸 2 活塞退回原位后，回路压力升高，压力继电器 2K 动作，使 2YA 得电，电磁换向阀 3 右位接入回路，工作缸 1 活塞后退直至起点。在压力控制的顺序动作回路中，顺序阀或压力继电器的调定压力必须大于前一动作执行元件的最高工作压力的 10%～15%，否则在管路中的压力冲击或波动下会造成误动作，引起事故。这种回路只适用于系统中执行元件数目不多、负载变化不大的场合。

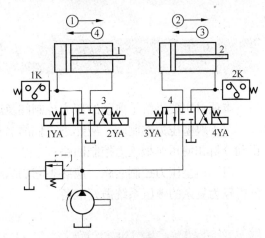

图 5-21　压力继电器控制顺序动作回路
1、2—工作缸；3、4—电磁换向阀

2. 行程控制顺序动作回路

图 5-22（a）所示为采用行程阀控制的多缸顺序动作回路。图示位置两液压缸活塞均退至左端点。当电磁阀 3 左位接入回路后，液压缸 1 活塞先向右运动，当活塞杆上的行程挡块压下行程阀 4 后，液压缸 2 活塞才开始向右运动，直至两个缸先后到达右端点；将电磁阀 3 右位接入回路，使液压缸 1 活塞先向左退回，在运动至其行程挡块离开行程阀 4 后，行程阀 4 自动复位，其下位接入回路，这时液压缸 2 活塞才开始向左退回，直至两个缸都到达左端点。这种回路动作可靠，但要改变动作顺序较为困难。

顺序动作回路——
行程控制

图 5-22（b）所示为采用行程开关控制电磁换向阀的多缸顺序动作回路。按启动按钮，电磁铁 1YA 得电，液压缸 1 活塞先向右运动，当活塞杆上的行程挡块压下行程开关 S2 后，电磁铁 2YA 得电，液压缸 2 活塞才向右运动，直到压下行程开关 S3，使 1YA 失电，液压缸 1 活塞向左退回，而后压下行程开关 S1，使 2YA 失电，液压缸 2 活塞再退回。在这种回路中，调整行程挡块位置，可调整液压缸的行程，通过电控系统可任意改变动作顺序，方便灵活，应用广泛。

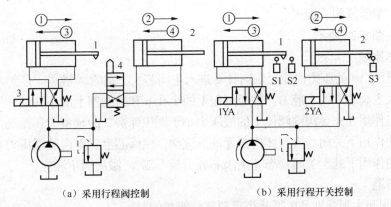

（a）采用行程阀控制　　　　　（b）采用行程开关控制

图 5-22　行程控制顺序动作回路
1、2—液压缸；3—电磁阀；4—行程阀

项目小结

　　本项目主要讲解了典型的压力控制阀及压力控制回路。

　　对于典型压力控制阀，应熟悉它们的名称、图形符号，了解它们的结构、工作原理，为正确分析和使用典型压力控制回路打下基础。

　　对于典型压力控制回路，应熟悉它们的组成、工作原理及回路的特点，为今后能够正确分析较为复杂的液压系统做好准备。

项目拓展

压力控制阀的拆装

一、目的

　　压力控制阀是液压系统的重要组成部分，通过对典型的压力控制阀的拆装可加深对阀结构及工作原理的了解，并能对液压阀的加工及装配工艺有一个初步的认识。

二、使用工具及设备

　　内六角扳手、固定扳手、螺丝刀及压力控制阀。

三、拆装内容

　　拆解压力控制阀，观察及了解各零件在压力控制阀中的作用，了解各种压力控制阀的工作原理。

1. 先导式溢流阀

　　型号：Y 型溢流阀（板式）。

　　其结构如图 5-23 所示。

　　（1）工作原理

　　溢流阀进油口 f 的压力油除经轴向孔 g 进入主阀芯 5 下端的 A 腔外，还经主阀芯上的轴向小孔 e 进入主阀芯 5 的上腔 B，并经阀盖上的小孔 b 和锥阀座上的小孔 a 作用在先导阀锥阀体 3 上。当作用在先导阀锥阀体上的液压力小于调压弹簧 2 的预紧力和锥阀体自重时，锥阀在弹簧力的作用下关闭。因阀体内部无油液流动，主阀芯上、下两腔液压力相等，主阀芯在主阀弹簧的作用下处于关闭状态（主阀芯处于最下端），溢流阀不溢流。

　　（2）思考题

　　① 先导阀和主阀分别是由哪几个重要零件组成的？

　　② 远程控制口的作用是什么？远程调压和卸荷是怎样来实现的？

③ 补全先导式溢流阀溢流时的工作原理。

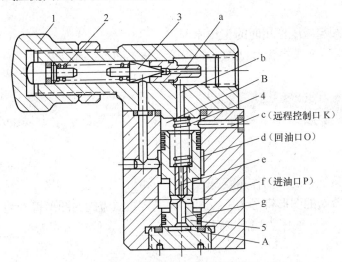

图 5-23 Y 型溢流阀（板式）的结构

1—调压手轮；2—调压弹簧；3—先导阀锥阀体；4—主阀弹簧；5—主阀芯

2. 减压阀

型号：J 型减压阀。

其结构如图 5-24 所示。

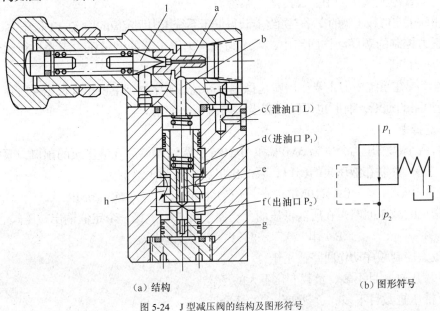

（a）结构　　　　　　　　　　　　　　（b）图形符号

图 5-24 J 型减压阀的结构及图形符号

1—先导阀锥阀体

（1）工作原理

进口压力 p_1 经减压缝隙减压后，压力变为 p_2，经主阀芯的轴向小孔 g 和 e 进入主阀芯的底部和上端（弹簧侧），再经过阀盖上的孔 b 和先导阀阀座上的小孔 a 作用在先导阀的锥阀体上。当出口压力低于调定压力时，先导阀在调压弹簧的作用下关闭阀口，主阀芯上、下腔的油压均等于出口压力，主阀芯在弹簧弹力的作用下处于最下端位置，滑阀中间凸肩与阀体之间构成的减压阀阀口全开，不起减压作用。

（2）思考题

① 补全减压阀起减压作用时的工作原理。

② J 型减压阀和 Y 型溢流阀结构上的相同点与不同点是什么？

练习题

一、填空题

1. 溢流阀在系统中的主要作用就是_____和_____。

2. 直动式溢流阀的图形符号为_____，先导式溢流阀的图形符号为_____。

3. 溢流阀为_____压力控制，阀口常_____；定值减压阀为_____压力控制，阀口常_____。

4. 直动式减压阀的图形符号为_____。

5. 直动式内控顺序阀的图形符号为_____，直动式外控顺序阀的图形符号为_____。

6. 按控制方式不同，顺序动作回路分为_____控制和_____控制两种。

二、判断题（正确的在括号内画"√"，错误的在括号内画"×"）

1. 直动式溢流阀用于中、高压液压系统。（　　）

2. 串联了定值减压阀的支路，始终能获得低于系统压力调定值的稳定的工作压力。（　　）

3. 压力控制的顺序动作回路中，顺序阀和压力继电器的调定压力应为执行元件前一动作的最高压力。（　　）

4. 溢流阀在系统中的主要作用就是稳压和卸荷；顺序阀则主要用来根据系统压力的变化情况控制油路的通断，有时也可以将它当作溢流阀来使用。（　　）

三、选择题

1. 有两个调整压力分别为 5MPa 和 10MPa 的溢流阀串联在液压泵的出口，泵的出口压力为（　　）；并联在液压泵的出口，泵的出口压力又为（　　）。

（A）5MPa 　　　　（B）10MPa 　　　　（C）15MPa 　　　　（D）20MPa

2. 常见的减压回路是在所需低压的分支路上（　　）接一个定值输出减压阀。

（A）并 　　　　（B）串 　　　　（C）串或并

3. 压力控制顺序动作回路适用于（　　）。

（A）液压缸数目不多、负载变化不大的场合

（B）液压缸数目不多、负载变化大的场合

（C）液压缸数目多、负载变化不大的场合

（D）液压缸数目多、负载变化大的场合

4. 当液压系统要求限压时采用（　　）；当一支路所需压力小于系统压力时采用（　　）；只利用系统压力变化控制油路的通断时采用（　　）。

（A）换向阀 　　　　（B）减压阀 　　　　（C）顺序阀 　　　　（D）溢流阀

四、简答题

1. 什么是压力控制阀？它们是怎样工作的？

2. 溢流阀有哪些功能？

3. 什么是减压回路？什么是增压回路？

4. 什么是顺序控制回路？包括哪几种？

五、分析题

1. 在图 5-25 所示回路中，若溢流阀的调整压力分别为 p_1=6MPa，p_2=4.5MPa，p_3=3MPa，泵的出口处负载阻力为无限大，则若不计管道压力损失：

（1）换向阀 4 处于中位时，泵的工作压力为多少？

（2）换向阀 4 处于左位时，泵的工作压力为多少？

（3）换向阀 4 处于右位时，泵的工作压力为多少？

2. 试分析图 5-26 所示的压力继电器顺序动作回路是怎样实现 1→2→3→4 顺序动作的？在元件数目不增加时，又如何实现 1→2→4→3 的顺序动作？

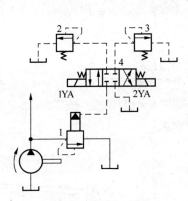

图 5-25　分析题 1 回路

1、2、3—溢流阀；4—换向阀

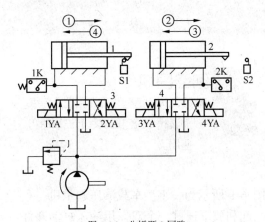

图 5-26　分析题 2 回路

1、2—工作缸；3、4—电磁换向阀

使用流量控制阀及速度控制回路

液压传动系统中执行元件运动速度的大小，由输入执行元件油液流量的大小来确定。流量控制阀是依靠改变阀口通流面积的大小来控制流量的液压阀。常用的流量控制阀有普通节流阀、单向节流阀、压力补偿调速阀等。

液压传动系统中的速度控制回路包括调节液压执行元件速度的调速回路、使之获得快速运动的快速回路、快速运动和工作进给速度以及工作进给速度之间的速度换接回路。

本项目分析、讲解典型流量控制阀及典型速度控制回路的选择、使用。

任务一　使用节流阀及节流调速回路

知识要点

● 节流阀的结构和工作原理及特点。
● 节流阀节流口形式、节流原理和应用。

技能要点

● 熟悉节流阀的图形符号。
● 能够正确分析、连接与安装节流调速回路。

图 6-1 所示为一小型车载液压起重机。重物的吊起和放下通过一个双作用液压缸活塞杆的伸出和缩回来实现。为保证起重机能平稳地吊起和放下重物，必须能对液压缸活塞的运动速度进行一定的调节。那么，液压传动系统中采用哪种元件对执行元件的运动速度进行调节呢？又是用哪种液压回路来实现的？

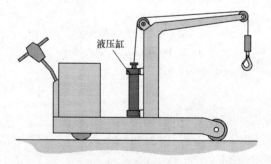

液压缸

图 6-1　液压起重机

一、任务分析

本任务执行元件采用液压缸。液压缸活塞的运动速度 $v = q/A$，式中 q 为进入液压缸油液的流量，A 为液压缸活塞的有效作用面积。所以要改变执行元件的运动速度，有两种方法：一是改变进入执行元件的液压油的流量；二是改变液压缸的有效作用面积。液压缸的工作面积一般只能按照标准尺寸选择，任意改变是不现实的。所以在液压传动系统中，主要采用变量泵供油或采用定量泵和流量控制阀来控制执行元件的速度。在液压系统中，用来控制油液流量的阀统称为流量控制阀。流量控制阀是通过调节阀口的通流面积（节流口局部阻力）大小或通过改变通流通道的长短来控制流量，实现工作机构的速度调节和控制的。节流阀就是其中常用的一种。

下面介绍节流阀的有关知识以及利用节流阀调节系统流量的方法。

二、相关知识

1. 节流阀和单向节流阀

（1）节流阀

在液压传动系统中，节流阀是结构最简单的流量控制阀，被广泛应用于负载变化不大或对速度稳定性要求不高的液压传动系统中。节流阀节流口的形式有很多种，图6-2所示为几种常见的形式。

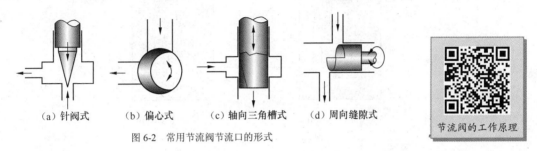

（a）针阀式　　（b）偏心式　　（c）轴向三角槽式　　（d）周向缝隙式

图6-2　常用节流阀节流口的形式

节流阀的工作原理

图6-2（a）所示为针阀式节流口。针阀进行轴向移动时，调节了环形通道的大小，由此改变了流量。这种结构加工简单，但节流口长度大，易堵塞，流量受油温变化的影响也大，一般用于要求较低的场合。

图6-2（b）所示为偏心式节流口。在阀芯上开一个截面为三角形（或矩形）的偏心槽，当转动阀芯时，就可以改变通道大小，由此调节流量。偏心槽式结构因阀芯受径向不平衡力作用，高压时应避免采用。

图6-2（c）所示为轴向三角槽式节流口。在阀芯端部开有一个或两个斜的三角槽，轴向移动阀芯就可以改变三角槽通流面积从而调节流量。在高压阀中有时在轴端铣两个斜面来实现节流。轴向三角槽式节流口小流量时的稳定性较好。

图6-2（d）所示为周向缝隙式节流口，沿阀芯周向开有一条宽度不等的狭槽，转动阀芯就可以改变开口大小。这种结构不易堵塞，油温变化对流量的影响小，一般适用于低压小流量场合。

节流阀实物和图形符号如图6-3所示，其工作原理可以参考图6-2和"节流阀的工作原理"二维码。

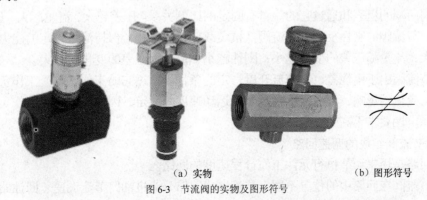

（a）实物　　　　　　　　　　　　　（b）图形符号

图6-3　节流阀的实物及图形符号

（2）单向节流阀

将节流阀与单向阀并联即构成了单向节流阀。对图 6-4 所示的单向节流阀：当油液从 A 口流向 B 口时，起节流作用；当油液由 B 口流向 A 口时，单向阀打开，无节流作用。液压系统中的单向节流阀可以单独调节执行元件某一个方向上的速度。单向节流阀实物和图形符号如图 6-5 所示。

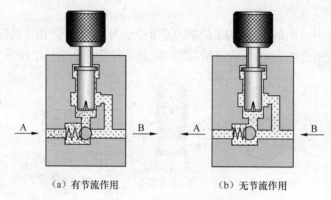

（a）有节流作用　　　　　　　　（b）无节流作用

图 6-4　单向节流阀的工作原理

（a）实物　　　　　　　　　　　（b）图形符号

图 6-5　单向节流阀的实物及图形符号

2．节流阀的流量特性

影响节流阀流量特性的因素主要有以下两方面。

（1）温度的影响

液压油的温度影响到油液的黏度，黏度增大，流量变小；黏度减小，流量变大。

（2）节流阀输入、输出口的压差

节流阀两端的压差和通过它的流量有固定的比例关系。压差越大，流量越大；压差越小，流量越小。节流阀的刚性反映了节流阀抵抗负载变化的干扰、保持流量稳定的能力。节流阀的刚性越大，流量随压差的变化越小；刚性越小，流量随压差的变化就越大。

普通节流阀由于刚性差，在节流开口一定的条件下通过它的工作流量受工作负载（即其出口压力）变化的影响，不能保持执行元件运动速度的稳定，因此只适用于工作负载变化不大和速度稳定性要求不高的场合。

3．由节流阀组成的调速回路

调速回路是用来调节执行元件工作行程速度的回路。

根据节流阀在回路中的位置不同，节流调速回路分为进油路节流调速、回油路节流调速和旁油路节流调速 3 种。

（1）进油路节流调速回路

如图 6-6（a）所示，将节流阀串联在液压泵和液压缸之间，通过调节节流阀的通流面积可以改变进入液压缸油液的流量，从而调节执行元件的运动速度。

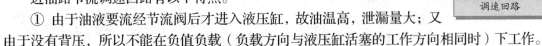

进油路节流调速回路有以下特点。

① 由于油液要流经节流阀后才进入液压缸，故油温高，泄漏量大；又由于没有背压，所以不能在负值负载（负载方向与液压缸活塞的工作方向相同时）下工作。

② 在使用单出杆液压缸的场合，无杆腔的进油量大于有杆腔的回油量，当通过节流阀的流量为最小稳定流量时，可使执行元件获得更低的稳定速度。

③ 因启动时进入液压缸的流量受到节流阀的控制，故可减少启动时的冲击。

④ 液压泵在恒压恒流量下工作，输出功率不随执行元件的负载和速度的变化而变化，多余的油液经溢流阀流回油箱，造成功率浪费，故效率低。

⑤ 进油腔的压力将随负载而变化，当工作部件碰到止挡块而停止后，节流阀出口压力急剧升高，利用这一压力变化来实现压力控制（如压力继电器）是非常方便的。

应用：在进油路节流调速回路中，工作部件的运动速度随外负载的增减而忽慢忽快，难以得到准确的速度，故适用于低速轻载的场合。

（2）回油路节流调速回路

如图 6-6（b）所示，回油路节流调速回路将节流阀串联在液压缸和油箱之间，以限制液压缸的回油量，从而达到调速的目的。

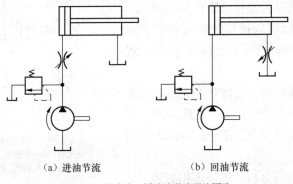

（a）进油节流　　　（b）回油节流

图 6-6　进油路、回油路节流调速回路

回油路节流调速回路有以下特点。

① 因节流阀串联在回油路上，油液要经节流阀才能流回油箱，可减少系统发热和泄漏，而节流阀又起背压作用，故运动平稳性较好。同时，节流阀还具有承受负值负载的能力。

② 与进油路节流调速回路一样，回油路节流调速回路也是将多余油液由溢流阀带走，造成功率损失，故效率低。

③ 停止后的启动冲击较大。

应用：回油路节流调速回路多用在功率不大但载荷变化较大、运动平稳性要求较高的液压系统中，如磨削和精磨的组合机床上。

（3）旁油路节流调速回路

如图 6-7 所示，将节流阀并联在液压泵和液压缸的分支油路上，液压泵输出的流量一部分经节流阀流回油箱，一部分进入液压缸。在定量泵供油量一定的情况下，通过节流阀的流量大时，进入液压缸的流量就小，于是执行元件运动速度减小；反之则速度增大。因此，可以通过调节节流阀改变流回油箱的油量来控制进入液压缸油液的流量，从而改变执行元件的运动速度。

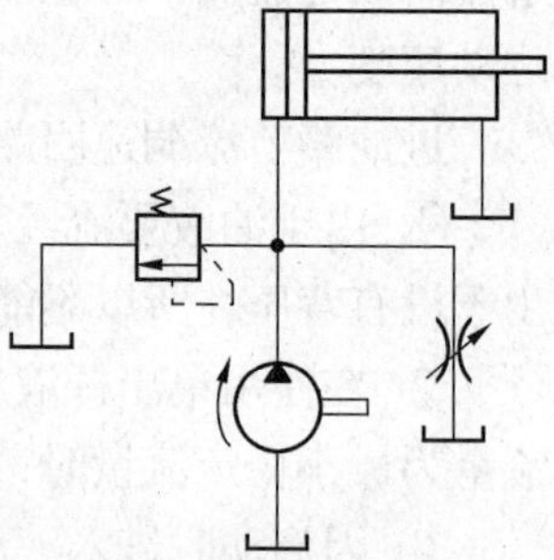

旁油路节流调速回路有以下特点。

① 一方面，由于没有背压，因此执行元件运动速度不稳定；另一方面，由于液压泵压力随负载变化而变化，引起液压泵泄漏也随之变化，导致液压泵实际输出量的变化，这就增大了执行元件运动的不平稳性。

② 随着节流阀开口增大，系统能够承受的最大负载将减小，

图 6-7　旁油路节流调速回路

即低速时承载能力小。与进油路节流调速回路和回油路节流调速回路相比，它的调速范围较小。

③ 液压泵的压力随负载而变，溢流阀无溢流损耗，所以功率利用比较经济，效率比较高。

应用：旁油路节流调速回路适用于负载变化小、对运动平稳性要求不高的高速重载的场合，如牛头刨床的主传动系统。有时候也可用在随着负载增大且要求进给速度自动减小的场合。

三、任务实施

本任务为保证能平稳地吊起和放下重物，对液压缸活塞的运动进行节流调速。任务对速度稳定性没有严格的要求，工作条件又属于低速轻载，所以可以选用结构简单的节流阀。换向阀选用 M 型中位，使得重物吊放可以在任何位置停止，并让泵卸荷，实现节能。

但在液压缸活塞伸出放下重物时，重物对于液压缸来说是一个负值负载。为防止活塞不受节流控制，快速冲出，可以利用顺序阀产生的平衡力来支撑负载。这种回路称为平衡回路，如图 6-8 所示。

该回路的工作原理请读者自行分析，这里不再叙述。

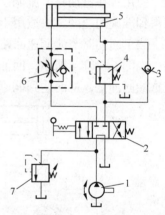

图 6-8　车载起重机的液压控制回路
1—液压泵；2—三位四通手动换向阀；
3—单向阀；4—顺序阀；5—液压缸；
6—单向节流阀；7—溢流阀

 实训操作

在液压实训台上正确连接与安装小型车载液压起重机调速回路，要求如下。

1．能看懂调速回路图，并能正确选用液压元件。

2．安装元件时要规范，各元件在工作台上合理布置。

3．用油管正确连接元件的各油口。

4．检查各油口连接情况后，启动液压泵，观察执行元件的运动速度。

5．调节节流阀手柄，观察执行元件的速度变化。

任务二 使用调速阀及典型速度控制回路

知识要点
- 调速阀的结构和工作原理及特点。
- 调速阀的应用。

技能要点
- 熟悉调速阀的图形符号。
- 能对典型速度控制回路进行分析。

图 6-9 所示小型钻孔设备钻头的升降由一个双作用液压缸控制。为保证钻孔质量，要求钻孔时钻头下降速度稳定，不受切削量变化导致的进给负载变化的影响，且可以根据要求调节。这种情况采用普通单向阀不能满足要求，那么该如何选择速度控制元件呢？

一、任务分析

前面已经介绍过用节流阀来调节速度，但节流阀的进、出油口压力随负载变化而变化，影响节流阀流量的均匀性，使执行机构速度不稳定。分析本任务不难看出，在小型钻孔设备的液压进给系统中采用节流阀来进行调速是不能满足要求的。那么该如何解决这一问题呢？实际上，只要设法使节流阀进、出油口压力差保持不变，执行机构的运动速度也就可以相应地稳定，具有这种功能的液压元件是调速阀。下面介绍调速阀的种类及其在液压传动系统中的调速方法。

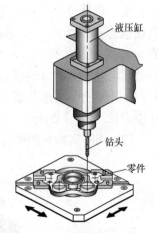

液压缸

钻头

零件

图 6-9 小型钻孔设备的示意图

二、相关知识

在液压系统中，采用节流阀调速，在节流阀开口一定的条件下，通过它的流量随负载和供油压力的变化而变化，无法保证执行元件运动速度的稳定性，速度负载特性较"软"，因此只适用于工作负载变化不大和速度稳定性要求不高的场合。为克服这个缺点，使执行元件获得稳定的运动速度，而且不产生爬行，可采用调速阀进行调速。调速阀是节流阀串接一个定差减压阀组合而成的。定差减压阀可以保证节流阀前后压差在负载变化时始终不变，这样通过节流阀的流量只由其开口大小决定。

如图 6-10 所示，调速阀是节流阀 1 和定差减压阀 2 串接构成的。设调速阀进油口的油液压力为 p_1；经过定差减压阀 2 减压后到节流阀 1 进口处的压力为 p_2，它作用于定差减压阀阀芯的右侧；经过节流阀 1 出口输出的压力为 p_3，它作用在定差减压阀阀芯的左侧。这时作用在定差减压阀阀芯左、右两端的力分别为 $p_3A + F_S$ 和 p_2A，其中 A 为阀芯端面的面积，F_S 为定差减压阀左侧弹簧的作用力。当阀芯处于平衡状态时（忽略摩擦力），则有 $p_3A + F_S = p_2A$，即

调速阀的工作原理

$$\Delta p = p_2 - p_3 = \frac{F_S}{A}$$

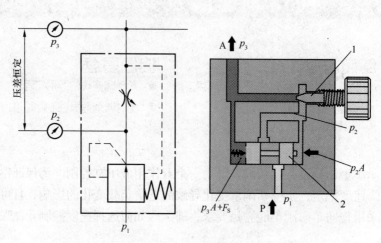

图 6-10　调速阀的工作原理及结构

1—节流阀；2—定差减压阀

　　由于定差减压阀弹簧的刚度较低，且工作过程中阀芯的移动量很少，可以认为 F_S 基本不变，这样使调速阀内部的节流阀两端压差 Δp 基本保持不变。例如，当负载增加引起负载压力 p_3 增大时，定差减压阀左侧弹簧腔油液压力增大，阀芯右移，阀口开度加大，使 p_2 增加，其结果 $p_2 - p_3$ 保持不变，保证通过节流阀的流量稳定；反之，亦然。这样不管调速阀进、出油口的压力如何变化，由于调速阀内的节流阀前后的压力差 Δp 始终保持不变，所以保证了通过节流阀的流量基本保持恒定，这样也就保证了执行元件运动速度的良好稳定性。

　　调速阀的实物和图形符号如图 6-11 所示。

（a）实物　　　　　　　　　　（b）图形符号

图 6-11　调速阀的实物和图形符号

三、任务实施

通过以上学习可知，小型钻孔设备为保证钻孔质量，要求钻孔时钻头下降速度稳定，不受进给负载变化的影响，液压控制系统的速度控制可以利用调速阀来实现。具体的液压回路如图 6-12 所示。

因为调速阀不能反向通油，所以在调速阀旁并联一个单向阀，用于保证液压缸的顺畅退回。

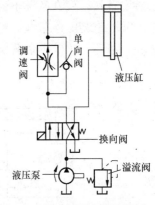

图 6-12　小型钻孔设备的液压回路

　知识链接

典型速度控制回路

在液压传动系统中，有时需要完成一些特殊的运动，比如快速运动、速度变换等，要完成这些任务，需要由特殊的控制回路来完成，下面一起学习几种典型的速度控制回路。

1. 快速运动回路

为了提高生产效率，机床工作部件常常要求实现空行程（或空载）的快速运动。这时要求液压系统流量大而压力低，这和工作运动时一般需要的流量较小和压力较高的情况正好相反。对快速运动回路的要求主要是，在快速运动时，尽量充分利用液压泵输出的流量，减小能量消耗，以提高生产率。下面介绍机床上常用的两种快速运动回路。

（1）差动连接回路

这是在不增加液压泵输出流量的情况下，提高工作部件运动速度的一种快速回路。图 6-13 所示为一简单的差动连接回路，换向阀处于右位时，液压缸有杆腔的回油流量和液压泵输出的流量合在一起共同进入液压缸无杆腔，使活塞快速向右运动。这种回路结构简单，应用较多，但由于液压缸的结构限制，液压缸的速度加快有限，有时不能满足快速运动的要求，常常需要和其他方法联合使用。

（2）双泵供油的快速运动回路

采用双泵供油的快速运动回路，在获得很高速度的同时，回路输出的功率较小，使液压系统功率匹配合理。如图 6-14 所示，在回路中用低压大流量泵 1 和高压小流量泵 2 组成的双联泵作动力源；外控顺序阀 3（卸荷阀）和溢流阀 5 分别设定双泵供油和高压小流量泵 2 供油时系统的最高工作压力。当换向阀 6 处于图示位置时，空载负载很小，系统压力很低，如果系统压力低于卸荷阀 3 调定压力，则阀 3 处于关闭状态，低压大流量泵 1 的输出液流顶开单向阀 4，与泵 2 的流量汇合，实现两个泵同时向系统供油，活塞快速向右运动，此时尽管回路的流量很大，但由于负载很小，回路的压力很低，所以回路输出的功率并不大；当换向阀 6 处于右位时，由于节流阀 7 的节流作用，造成系统压力达到或超过卸荷阀 3 的调定压力，使阀 3 打开，导致低压大流量泵 1 经过阀 3 卸荷，单向阀 4 自动关闭，将泵 2

与泵 1 隔离，只有高压小流量泵 1 向系统供油，活塞慢速向右运动，溢流阀 5 处于溢流状态，保持系统压力基本不变，此时只有高压小流量泵 2 在工作。低压大流量泵 1 卸荷，减少了动力消耗，回路效率较高。

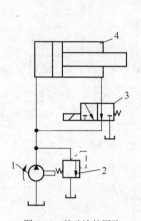

图 6-13 差动连接回路

1—液压泵；2—溢流阀；3—换向阀；4—液压缸

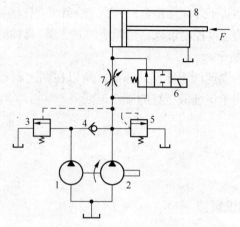

图 6-14 双泵供油的快速运动回路

1—低压大流量泵；2—高压小流量泵；3—卸荷阀；4—单向阀；5—溢流阀；6—换向阀；7—节流阀；8—液压缸

双泵供油的快速运动回路功率利用合理，效率高，并且速度换接较平稳，在快、慢速度相差较大的机床中应用广泛；缺点是要用一个双联泵，油路系统较为复杂。

2. 速度换接回路

速度换接回路用于执行元件实现两种不同速度之间的切换，这种速度换接分为快速与慢速之间换接和两种慢速之间换接两种形式。对速度换接回路的要求：具有较高的换接平稳性；具有较高的换接精度。

（1）快速与慢速之间的速度换接回路

采用行程阀（或电磁阀）的速度换接回路，如图 6-15 所示，当换向阀 4 处于图示位置时，节流阀 2 不起作用，液压缸活塞处于快速运动状态，当快进到预定位置时，与活塞杆刚性相连的行程挡铁压下行程阀 1（二位二通机动换向阀），行程阀关闭，液压缸右腔油液必须通过节流阀 2 后才能流回油箱，回路进入回油节流调速状态，活塞运动转为慢速工作进给。当换向阀 4 左位接入回路时，压力油经单向阀 3 进入液压缸右腔，使活塞快速向左返回，在返回的过程中逐步将行程阀 1 放开。这种回路速度切换过程比较平稳，冲击小，换接点位置准确，换接可靠。但受结构限制，行程阀安装位置不能任意布置，管路连接较为复杂。

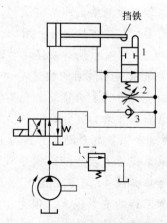

图 6-15 用行程阀的速度换接回路

1—行程阀；2—节流阀；3—单向阀；4—换向阀

如果将行程阀 1 改用电磁阀，并通过行程挡铁压下电气行程开关来操纵电磁换向阀，也可实现快、慢速度之间的换接。这种方式不需要用行程挡铁直

速度换接回路——行程阀

接碰行程阀，电磁阀安装灵活，油路连接方便，但速度换接的平稳性、可靠性和换接精度相对较差。

（2）两种慢速之间的速度换接回路

对于某些自动机床、注塑机等，需要在自动工作循环中变换两种以上的工作进给速度，这时需要采用两种（或多种）工作进给速度的换接回路。

图 6-16 所示为用两个调速阀来实现两种工作进给速度换接的回路。图 6-16（a）所示为两个调速阀串联的速度换接回路。图中液压泵 1 输出的压力油经调速阀 3 和电磁换向阀 5 左位进入液压缸 6，这时的流量由调速阀 3 控制。当需要第二种工作进给速度时，电磁换向阀 5 通电，其右位接入回路，则液压泵 1 输出的压力油先经调速阀 3，再经调速阀 4 进入液压缸 6，这时的流量应由调速阀 4 控制，这种两个调速阀串联的回路中，调速阀 4 的节流口应调得比调速阀 3 小，否则调速阀 4 的速度换接回路将不起作用。这种回路在工作时，调速阀 3 一直工作，它限制着进入液压缸 6 或调速阀 4 的流量，因此，在速度换接时不会使液压缸产生前冲现象，换接平稳性较好。在调速阀 4 工作时，油液需流经两个调速阀，故能量损失较大。

图 6-16（b）所示为两个调速阀并联的速度换接回路。液压泵 1 输出的压力油经调速阀 3 和电磁换向阀 5 左位进入液压缸 6。当需要第二种工作进给速度时，电磁换向阀 5 通电，其右位接入回路，液压泵 1 输出的压力油经调速阀 4 和电磁换向阀 5 右位进入液压缸。这种回路中两个调速阀的节流口可以单独调节，互不影响，即第一种工作进给速度和第二种工作进给速度相互间没有什么限制。但一个调速阀工作时，另一个调速阀中没有油液通过，它的减压阀则处于完全打开的位置，在速度换接开始的瞬间不能起减压作用，容易出现部件突然前冲的现象。

速度换接回路——调速阀串联

速度换接回路——调速阀并联

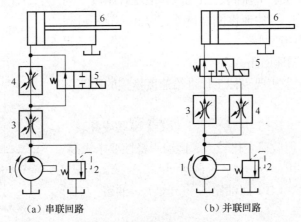

（a）串联回路　　　（b）并联回路

图 6-16　用两个调速阀的速度换接回路

1—液压泵；2—溢流阀；3、4—调速阀；5—电磁换向阀；6—液压缸

项目小结

本项目主要介绍了典型的流量控制阀、速度控制回路及其应用场合。

对于典型流量控制阀，应熟悉它们的名称、图形符号，了解它们的结构、工作原理，为正确分析和使用典型速度控制回路打下基础。

对于典型速度控制回路，应熟悉它们的组成、工作原理及回路的特点，为今后能够正确分析较为复杂的液压系统做好准备。

练习题

一、填空题

1. 节流阀的图形符号为_____，调速阀的图形符号为_____。

2. 调速阀是由_____和节流阀串联而成的。

3. 进油路和回油路节流调速回路效率低，主要损失是_____。

4. 流量控制阀是通过调节_____来控制流量，实现工作机构的速度调节和控制的。

5. 常见的节流口的形式有_____、_____、_____、_____等。

二、判断题（正确的在括号内画"√"，错误的在括号内画"×"）

1. 节流阀和调速阀都是用来调节流量及稳定流量的流量控制阀。　　　　（　　）

2. 进油路节流调速回路不能在负值负载下工作。　　　　　　　　　　（　　）

3. 使用可调节流阀进行调速时，执行元件的运动速度不受负载变化的影响。（　　）

4. 采用调速阀的调速回路，执行元件的运动速度较稳定。　　　　　　（　　）

三、选择题

1. 用同样的定量泵、节流阀、溢流阀和液压缸组成下列几种节流调速回路，（　　）能够承受负值负载，（　　）的速度刚性最差，而回路效率最高。

（A）进油路节流调速回路　　　　（B）回油路节流调速回路

（C）旁油路节流调速回路

2. 用两个调速阀来实现两种工作进给速度换接的回路，两个调速阀可（　　）。

（A）串联　　　　（B）并联　　　　（C）串联或并联

3. 在功率不大，但载荷变化较大、运动平稳性要求较高的液压系统中，应采用（　　）节流调速回路。

（A）进油路　　　　（B）回油路　　　　（C）旁油路

四、简答题

1. 进油路节流调速回路有哪些特点？主要应用在什么场合？

2. 简述图 6-17 所示的差动连接回路的工作原理。

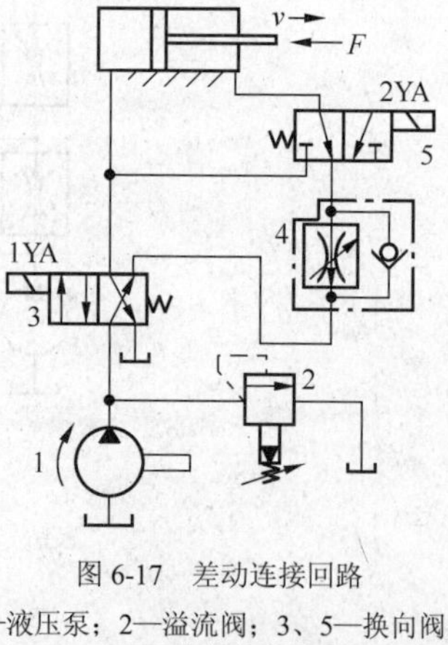

图 6-17　差动连接回路

1—液压泵；2—溢流阀；3、5—换向阀；
4—单向节流阀

項目七

综合分析液压系统

液压传动系统是根据液压机械设备不同的工作要求，选用适当的基本回路组成的能够完成一些特定任务的液压系统。液压系统一般用液压系统图来表示，它是用国家标准规定的液压元件图形符号来表示的液压系统工作原理图。

本项目仅介绍两个典型的液压系统，通过对典型液压系统的分析，使读者加深对液压元件、液压基本回路的理解，掌握液压系统的基本分析方法。

任务一　分析组合机床动力滑台液压系统

知识要点
● 阅读液压系统图的方法。
● 液压系统分析方法和步骤。

技能要点
● 能对 YT4543 型动力滑台液压系统进行分析。

组合机床是一种在制造领域中用途广泛的半自动专用机床，这种机床既可以单机使用，也可以多机配套组成加工自动线。组合机床由通用部件（如动力头、动力滑台、床身、立柱等）和专用部件（如专用动力箱、专用夹具等）两大类部件组成，有卧式、立式、倾斜式、多面组合式多种结构形式。卧式组合机床的结构如图 7-1 所示。组合机床具有加工精度较高、生产效率高、自动化程度高、设计制造周期短、制造成本低、通用部件能够被重复使用等诸多优点，因而被广泛应用于大批量生产的机械加工流水线或自动线中，如汽车零部件制造中的许多生产线。

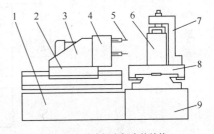

图 7-1　卧式组合机床的结构
1—床身；2—动力滑台；3—动力头；
4—主轴箱；5—刀具；6—零件；
7—夹具；8—工作台；9—底座

组合机床的主运动由动力头或动力箱实现，进给运动由动力滑台的运动实现，动力滑台与动力头或动力箱配套使用，可以对零件完成钻孔、扩孔、铰孔、镗孔、铣平面、拉平面或圆弧、攻丝等孔和平面的多种机械加工工序。它要求液压传动系统完成的进给运动是：快进→第 1 次工作进给→第 2 次工作进给→挡铁停留→快退→原位停止，同时还要求系统工作稳定，效率高。那么，液压动力滑台的液压系统是如何完成工作的呢？

一、任务分析

要达到液压动力滑台工作时的性能要求，就要将液压元件有机地结合，形成完整有效的液压控制回路。在液压动力滑台中，其实是由液压缸带动主轴头从而完成整个进给运动的，因此液压系统回路的核心问题是如何来控制液压缸的动作。下面就一起来认识一下动力滑台的液压传动系统回路。

二、相关知识

1. 动力滑台液压系统回路的工作原理

YT4543 型动力滑台是一种使用广泛的通用液压动力滑台，该滑台由液压缸驱动，在电气和机械装置的配合下可以实现多种自动加工工作循环。该动力滑台液压系统最高工作压力可达 6.3MPa，属于中低压系统。

图 7-2 所示为 YT4543 型动力滑台的液压系统工作原理，该系统采用限压式变量泵供油、电液动换向阀换向，快进由液压缸差动连接来实现。用行程阀 7 实现快进与工作进给的转换，二位二通电磁换向阀 11 用来进行两个工作进给速度之间的转换，为了保证尺寸精度，采用挡铁停留来限位。通常实现的工作循环为：快进→第 1 次工作进给→第 2 次工作进给→挡铁停留→快退→原位停止。

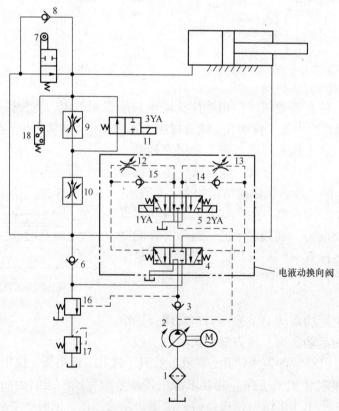

图 7-2　YT4543 型动力滑台的液压系统工作原理

1—过滤器；2—变量泵；3、6、8—单向阀；4—液动阀（电液动换向阀主阀）；5—电液动换向阀的先导电磁换向阀；7—行程阀；9、10—调速阀；11—二位二通电磁换向阀；12、13—电液动换向阀中的节流阀；14、15—电液动换向阀中的单向阀；16—外控顺序阀；17—背压阀；18—压力继电器

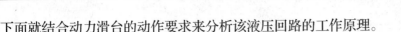

下面就结合动力滑台的动作要求来分析该液压回路的工作原理。

（1）快进

按下启动按钮，电磁铁1YA通电，先导电磁换向阀5的左位接入系统，由变量泵（限压式变量液压泵）2输出的压力油经先导电磁换向阀5进入液动阀（电液动换向阀主阀）4的左侧，使液动阀4换至左位，液动阀4右侧的控制油经阀5回油箱。这时系统中油液的流动路线如下。

进油路：变量泵2→单向阀3→液动阀4左位→行程阀7下位→液压缸左腔。

回油路：液压缸右腔→液动阀4左位→单向阀6→行程阀7下位→液压缸左腔。

形成差动连接，液压缸完成快进。

（2）第1次工作进给

当快速前进到预定位置时，滑台上的液压挡块压下行程阀7的阀芯，断开了该油路，即切断快进油路。此时，电磁铁1YA继续通电，其控制油路未变，液动阀4左位仍接入系统；二位二通电磁换向阀11的电磁铁3YA处于断电状态，这时主油路必须经调速阀10，使阀前主系统压力升高，外控顺序阀16被打开，单向阀6关闭，液压缸右腔的油液经顺序阀16和背压阀17流回油箱。这时系统中油液的流动路线如下。

进油路：变量泵2→单向阀3→液动阀4左位→调速阀10→二位二通电磁换向阀11左位→液压缸左腔。

回油路：液压缸右腔→液动阀4左位→外控顺序阀16→背压阀17→油箱。

因为工作进给时系统压力升高，所以变量泵2的输油量便自动减小，以适应工作进给的需要，进给速度的快慢由调速阀10调节。

（3）第2次工作进给

第1次工作进给结束时，行程挡铁压下行程开关（图7-2中未画出），使电磁铁3YA通电，二位二通电磁换向阀11处于油路断开位置，这时进油路须经过调速阀10和调速阀9两个调速阀，实现第2次工作进给，进给量大小由调速阀9调定。而调速阀9调节的进给速度应小于调速阀10的工作进给速度，所以液压缸的进给速度再次降低。这时系统中油液的流动路线如下。

进油路：变量泵2→单向阀3→液动阀4左位→调速10→调速阀9→液压缸左腔。

回油路：与第1次工作进给的回油路相同。

（4）挡铁停留

动力滑台第2次工作进给完成，滑台碰到挡铁后不再前进，此时，油路状态保持不变，泵2仍在继续运转，使系统压力将不断升高，引起压力继电器18动作并发信号给时间继电器（图7-2中未画出），经过时间继电器的延时处理，使滑台停留一小段时间后再返回。滑台在挡铁处的停留时间可通过时间继电器灵活调节。

（5）快退

延时继电器停留时间到时后，给出动力滑台快速退回的信号，电磁铁1YA、3YA断电，2YA通电，先导电磁换向阀5的右位接入控制油路，使液动阀4右位接入主油路。由于此时滑台没有外负载，系统压力下降，变量泵2的流量又自动增至最大，液压缸右腔进油、左腔回油，使滑台实现快速退回。这时系统中油液的流动路线如下。

进油路：变量泵 2→单向阀 3→液动阀 4 右位→液压缸右腔。

回油路：液压缸左腔→单向阀 8→液动阀 4 右位→油箱。

（6）原位停止

当滑台快速退回到原位时，另一个行程挡铁压下终点行程开关（图 7-2 中未画出），使电磁铁 2YA 断电，先导电磁换向阀 5 在对中弹簧作用下处于中位，液动阀 4 左右两边的控制油路都通油箱，因而液动阀 4 也在其对中弹簧作用下回到中位，液压缸两腔封闭，滑台停止运动，变量泵 2 卸荷。此时，系统中油液的流动路线如下。

卸荷油路：变量泵 2→单向阀 3→液动阀 4（中位）→油箱。

系统工作中的换向阀各电磁铁和行程阀动作顺序如表 7-1 所示。

表 7-1   YT4543 动力滑台电磁铁和行程阀动作顺序表

电磁阀 行程阀	工作循环					
	快 进	第 1 次工作进给	第 2 次工作进给	挡铁停留	快 退	原位停止
1YA	+	+	+	+	−	−
2YA	−	−	−	−	+	−
3YA	−	−	+	+	−	−
行程阀	−	+	+	+	+/−	−

注："+"表示换向阀通电、行程阀被压下；"−"表示换向阀断电、行程阀复位。

2. YT4543 型动力滑台液压系统中的基本回路

YT4543 型动力滑台的液压系统主要由下列基本回路组成。

① 限压式变量泵、调速阀、背压阀组成的容积节流调速回路；

② 差动连接的快速运动回路；

③ 电液换向阀（由先导电磁阀 5、液动阀 4 组成）的换向回路；

④ 行程阀和电磁阀的速度换接回路；

⑤ 串联调速阀的第 2 次工作进给回路；

⑥ 采用 M 型中位机能三位换向阀的卸荷回路。

系统中有 3 个单向阀，其中单向阀 6 的作用是在工进时隔离进油路和回油路。单向阀 3 除有保护液压泵免受液压冲击的作用外，还能在系统卸荷时使电液换向阀的先导控制油路有一定的控制压力，以确保实现换向动作。单向阀 8 的作用则是确保实现快退。

3. YT4543 型动力滑台液压系统的特点

① 采用限压式变量泵和调速阀组成的容积节流进油路调速回路，并在回油路上设置了背压阀，使动力滑台能获得稳定的低速运动、较好的调速刚性和较大的工作速度调节范围。

② 采用限压式变量泵和差动连接回路，快进时能量利用比较合理；工作进给时只输出与液压缸相适应的流量；挡铁停留时，变量泵只输出补偿泵及系统内泄漏所需要的流量。系统无溢流损失，效率高。

③ 采用行程阀和顺序阀实现快进与工进的速度切换，动作平稳可靠、无冲击，转换位置精度高。

④ 在第2次工作进给结束时，采用挡铁停留，这样动力滑台的停留位置精度高，适用于镗端面、镗阶梯孔、锪孔、锪端面等工序。

⑤ 由于采用调速阀串联的第2次工作进给进油路节流调速方式，可使启动和进给速度转换时的前冲量较小，并有利于利用压力继电器发出信号进行自动控制。

三、任务实施

液压传动系统是根据机械设备的工作要求，选用适当的液压基本回路经有机组合而成的。阅读一个较复杂的液压系统图，大致可按以下步骤进行。

① 了解机械设备工况对液压系统的要求，了解工作循环中的各个工步对力、速度和方向这3个参数的要求。

② 初读液压系统图，了解系统中包含哪些元件，且以执行元件为中心，将系统分解为若干个工作单元。

③ 先单独分析每一个子系统，了解其执行元件与相应的阀、泵之间的关系和基本回路。参照电磁铁动作表和执行元件的动作要求，理清其液流路线。

④ 根据系统中对各执行元件间的互锁、同步、防干扰等要求，分析各子系统之间的联系以及如何实现这些要求。

⑤ 在全面读懂液压系统原理图的基础上，根据系统所使用的基本回路的性能，对系统进行综合分析，归纳总结整个液压系统的特点，以加深对液压系统的理解。

液压传动系统种类繁多，它的应用涉及机械制造、轻工、纺织、工程机械、船舶、航空、航天等各个领域，但根据其工作情况，以及液压传动系统的工况要求与特点不同，可分为表7-2所示的几种。

表7-2　　　　　　　　　　　　　　典型液压系统的工况及特点

系 统 名 称	液压系统的工况要求和特点
以速度变换为主的液压系统 （例如组合机床系统）	1. 能实现工作部件的自动工作循环，生产率较高 2. 快进与工作进给时，其速度与负载相差较大 3. 要求进给速度平稳，刚性好，有较大的调速范围 4. 进给行程终点的重复位置精度高，有严格的顺序动作
以换向精度为主的液压系统 （例如磨床系统）	1. 要求运动平稳性高，有较低的稳定速度 2. 启动与制动迅速平稳，无冲击，有较高的换向频率（最高可达150次/min） 3. 换向精度高，换向前停留时间可调
以压力变换为主的液压系统 （例如液压机系统）	1. 系统压力要能经常变换调节，且能产生很大的推力 2. 空行程时速度大，加压时推力大，功率利用合理 3. 系统多采用高、低压泵组合或恒功率变量泵供油，以满足空程与压制时，其速度与压力的变化
多个执行元件配合工作的液压系统 （例如机械手液压系统）	1. 在各执行元件动作频繁换接、压力急剧变化的情况下，系统足够可靠，避免误动作 2. 能实现严格的顺序动作，完成工作部件规定的工作循环 3. 满足各执行元件对速度、压力及换向精度的要求

任务二　分析液压压力机液压系统

知识要点
● 液压压力机液压系统的组成和功能。

技能要点
● 能对液压压力机液压系统进行分析。

液压压力机是一种用静压力来加工金属、塑料、橡胶、粉末制品的机械，在许多工业部门得到了广泛应用。压力机的类型很多，其中四柱式液压压力机最为典型，应用也最为广泛。四柱式液压压力机在它的 4 个主柱之间安置着上、下两个液压缸，其结构如图 2-1 所示。那么，液压压力机对液压系统的要求是什么？又是如何工作的呢？

一、任务分析

液压压力机对其液压系统的基本要求如下。

① 为完成一般的压制工艺，要求主缸（上液压缸）驱动上滑块能实现"快速下行→慢速加压→保压延时→快速回程→原位停止"的动作循环；要求顶出缸（下液压缸）驱动下滑块实现"向上顶出→停留→向下退回→原位停止"的工作循环。

② 液压系统中的压力要能经常变换和调节，并能产生较大的压制力，以满足工作要求。

③ 流量大、功率大、空行程和加压行程的速度差异大，因此要求功率利用合理，工作平稳性和安全可靠性要高。

下面分析一下液压压力机的液压系统工作原理。

二、任务实施

1. YB32-200 型液压压力机液压系统的工作原理

图 7-3 所示为 YB32-200 型液压压力机的液压系统，该系统采用高压泵供油，控制油路的压力油是经主油路由减压阀 4 减压后所得到的。现以一般的定压成形压制工艺为例，说明该液压压力机液压系统的工作原理。

（1）液压机的上滑块的工作原理

① 快速下行。电磁铁 1YA 通电，先导阀 5 和上液压缸主换向阀（液动）6 左位接入系统，液控单向阀 11 被打开。

进油路：液压泵 1→顺序阀 7→上液压缸主换向阀 6（左位）→单向阀 10→上液压缸上腔。

回油路：上液压缸 18 下腔→液控单向阀 11→上液压缸主换向阀 6（左位）→下液压缸换向阀（电液动）14（中位）→油箱。

这时，系统中的油液进入液压缸上腔，因上滑块在自重作用下迅速下降，而此时液压泵的流量较小，所以液压机顶部的充液筒 17 中的油液经液控单向阀 12 也流入液压缸上腔（补油），上液压缸快速下行。

② 慢速下行。从上滑块接触零件时开始，上液压缸上腔压力升高，液控单向阀 12 关闭，加压速度便由液压泵流量来决定，油液流动情况与快速下行时相同。

③ 保压延时。当系统中压力升高到压力继电器 9 起作用时，发出电信号，控制电磁铁 1YA 断电，先导阀 5 和上液压缸主换向阀 6 都处于中位，此时系统进入保压。保压时间由电气控制线路中的时间继电器（图中未画出）控制，可在 0～24min 内调节。保压时除了液压泵在较低压力下卸荷外，系统中没有油液流动。液压泵卸荷的油路如下。

液压泵 1→顺序阀 7→上液压缸主换向阀 6（中位）→下液压缸换向阀 14（中位）→油箱。

④ 泄压快速返回。时间继电器延时到时后，保压结束，电磁铁 2YA 通电。但为了防止保压状态向快速返回状态转变过快，在系统中引起压力冲击并使上滑块动作不平稳，设置了预泄换向阀组 8，它的功用就是在 2YA 通电后，其控制压力油必须在上液压缸上腔卸压后，才能进入上液压缸主换向阀 6 右腔，使上液压缸主换向阀 6 换向。预泄换向阀组 8 的工作原理是：在保压阶段，这个阀以上位接入系统，当电磁铁 2YA 通电，先导阀 5 右位接入系统时，控制油路中的压力油虽到达预泄换向阀组 8 阀芯的下端，但由于其上端的高压未曾解除，阀芯不动。由于液控单向阀 I_3 可以在控制压力低于其主油路压力下打开，所以有：

上液压缸 18 上腔→液控单向阀 I_3→预泄换向阀组 8（上位）→油箱。

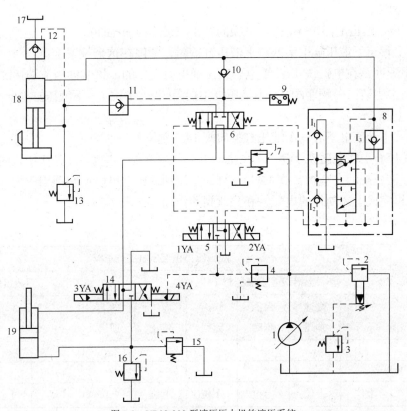

图 7-3　YB32-200 型液压压力机的液压系统

1—液压泵；2—先导式溢流阀；3—直动式溢流阀；4—减压阀；5—先导阀；6—上液压缸主换向阀（液动）；
7—顺序阀；8—预泄换向阀组；9—压力继电器；10—单向阀；11、12—液控单向阀；
13、16—安全阀；15—溢流阀；14—下液压缸换向阀（电液动）；17—充液筒；18—上液压缸；19—下液压缸

于是，上液压缸 18 上腔的油液压力被解除，预泄换向阀组 8 的阀芯在控制压力油作用下向上移动，以其下位接入系统，它一方面切断上液压缸上腔通向油箱的通道，另一方面使控制油路中的压力油输到上液压缸主换向阀 6 阀芯的右端，使该阀右位接入系统。这时，液控单向阀 11 被打开，油液流动情况如下。

进油路：液压泵 1→顺序阀 7→上液压缸主换向阀 6（右位）→液控单向阀 11→上液压缸下腔。

回油路：上液压缸 18 上腔→液控单向阀 12→充液筒 17。

所以，上滑块快速返回，从回油路进入充液筒中的油液，若超过预定位置，可从充液筒中的溢流管流回油箱。由图 7-3 可见，上液压缸主换向阀 6 在由左位切换到中位时，阀芯右端由油箱经单向阀 I_1 补油，在由右位转换到中位时，阀芯右端的油经单向阀 I_2 流回油箱。

⑤ 原位停止。当上滑块上升至挡块撞上原位行程开关时，电磁铁 2YA 断电，先导阀 5 和上液压缸主换向阀 6 都处于中位。这时上液压缸停止不动，液压泵在较低压力下卸荷。由于液控单向阀 11 和安全阀 13 的支撑作用，上滑块悬空停止。

（2）液压压力机下滑块（顶出缸）的顶出和返回

① 下滑块向上顶出时电磁铁 4YA 通电，这时油液流动情况如下。

进油路：液压泵 1→顺序阀 7→上液压缸主换向阀 6（中位）→下液压缸换向阀 14（右位）→下液压缸下腔。

回油路：下液压缸上腔→下液压缸换向阀 14（右位）→油箱。

下滑块上移至下液压缸中活塞碰上液压缸盖时，便停在这个位置上。

② 向下返回是在电磁铁 4YA 断电、3YA 通电时发生的，这时油液流动情况如下。

进油路：液压泵 1→顺序阀 7→上液压缸主换向阀 6（中位）→下液压缸换向阀 14（左位）→下液压缸上腔。

回油路：下液压缸下腔→下液压缸换向阀 14（左位）→油箱。

③ 原位停止。在电磁铁 3YA、4YA 都断电，下液压缸换向阀 14 处于中位时实现。系统中阀 16 为下液压缸的安全阀；阀 15 为下缸的溢流阀，由它可以调整顶出压力。

该液压机完成上述动作的电磁铁和预泄阀动作顺序如表 7-3 所示。

表 7-3　　　　　　　　　　　　电磁铁和预泄阀动作顺序表

电 磁 铁 预 泄 阀	液压压力机液压缸工作循环								
	上滑块（上液压缸）					下滑块（下液压缸）			
	快速 下行	慢速 加压	保压 延时	快速 返回	原位 停止	向上 顶出	停留	返回	原位 停留
1YA	+	+	−	−	−	−	−	−	−
2YA	−	−	−	+	−	−	−	−	−
预泄阀	上位	上位	上位	下位	上位	上位	上位	上位	上位
3YA	−	−	−	−	−	−	−	+	−
4YA	−	−	−	−	−	+	+	−	−

注："＋"表示换向阀电磁铁通电；"－"表示换向阀电磁铁断电。

2. YB32-200 型液压压力机液压系统的特点

① 系统中使用一个轴向柱塞式高压变量泵供油，系统工作压力由远程调压阀（直动式溢流阀）3 调定。

② 系统中的顺序阀 7 调定压力为 2.5MPa，从而保证了液压泵的卸荷压力不致太低，也使控制油路具有一定的工作压力（>2.0MPa）。

③ 系统中采用了专用的预泄换向阀组 8 来实现上滑块快速返回前的泄压，保证动作平稳，防止换向时的液压冲击和噪声。

④ 系统利用管道和油液的弹性变形来保压，方法简单，但对液控单向阀、液压缸等元件的密封性能要求较高。

⑤ 系统中上、下两液压缸的动作协调由两换向阀 6 和 14 的互锁来保证，一个缸必须在另一个缸静止时才能动作。但是，在拉深操作中，为了实现"压边"这个工步，上液压缸活塞必须推着下液压缸活塞移动，这时上液压缸下腔的液压油进入下液压缸的上腔，而下液压缸下腔中的液压油则经下液压缸溢流阀排回油箱，这时虽两缸同时动作，但不存在动作不协调的问题。

⑥ 系统中的两个液压缸各有一个溢流阀进行过载保护。

项目小结

本项目主要讲解了液压系统的一般分析方法。通过举例分析，使读者进一步加深对液压元件及其功能、液压基本回路及其作用的理解，掌握液压系统的基本分析方法，为在实践中对液压设备进行调试、使用和维护打下坚实的基础。

项目拓展

液压系统常见故障分析及排除方法

引起液压系统故障的原因多种多样，有的是机械、电器等外界因素引起的，有的是液压系统中的综合因素引起的。由于液压系统是封闭的，所以不能从外部直接观察，检测也不方便。

当液压系统出现故障的时候，绝不能毫无根据地乱拆，更不能把系统中的元件全部拆下来检查。设备检修人员可采用"四觉诊断法"，分析判断故障产生的部位和原因，从而决定排除故障的方法和措施。

所谓四觉诊断法，即指检修人员运用触觉、视觉、听觉和嗅觉来分析判断液压系统的故障。

① 触觉：即检修人员根据触觉来判断油温的高低（元件及其管道）和振动的大小。

② 视觉：对于机构运动无力、运动不稳定、泄漏、油液变色等现象，倘若检修人员有一定的经验，完全可以凭视觉的观察，做出一定的判断。

③ 听觉：即指检修人员通过听觉，根据液压泵、液压马达的异常声响，溢流阀的尖叫声，油管的振动声等来判断噪声和振动的大小。

④ 嗅觉：即指检修人员通过嗅觉，判断油液变质、液压泵发热烧结等故障。

液压系统常见的故障分析及排除方法如表7-4所示。

表 7-4   液压系统常见的故障分析及排除方法

故障分析	故障原因	排除方法
油温过高	1. 管道过细、过长，弯曲过多，截面变化过于频繁，造成压力损失过大 2. 油液黏度不合适 3. 管路缺乏清洗和保养，增大了压力油流动时的压力损失 4. 系统中各连接处、配合间隙处内外泄漏严重造成容积损耗过大 5. 油箱容积过小或散热条件差 6. 压力调整过高，泵在高压下工作时间过长 7. 相对运动部件安装精度差、润滑不良和密封件调整过紧，摩擦力太大	1. 改变管道规格和管路形状 2. 选用黏度合适的液压油 3. 对管道定期清洗和保养 4. 检查泄漏部位，防止内外泄漏 5. 改善散热条件，适当增加油箱容量 6. 在保证系统正常工作的条件下，尽可能地下调压力 7. 保证安装精度达到规定的技术要求，改善润滑条件，合理调整密封件松紧程度
液压缸爬行	1. 密封装置密封不严或损坏，系统进入空气 2. 液压泵吸空 3. 液压元件内零件磨损，间隙过大，引起输油量、压力不足或波动 4. 润滑不良，摩擦力增加 5. 导轨间隙的楔铁或压板调得过紧或弯曲	1. 调整密封装置，更换损坏的密封元件 2. 改善吸油条件 3. 修复或更换磨损严重的零件 4. 适当调节润滑油的压力和流量 5. 重新调整导轨或修复
产生振动和噪声	1. 吸油管过细、过长 2. 吸油口滤油器堵塞或通流面积过小 3. 液压泵吸油位置过高 4. 油箱油量不足，油面过低 5. 吸油管浸入油面以下太浅 6. 油液的黏度过大 7. 吸油管路密封不严，吸入空气 8. 吸油管离回油管过近 9. 回油管没有浸入油箱 10. 压力管道过长没有固定或没有减振元件	1. 更换管路 2. 清洗或更换滤油器 3. 降低泵的吸入高度 4. 补充油液至游标线指示的高度 5. 加大吸油管浸入油箱的深度 6. 选用黏度适当的液压油 7. 严格密封吸油管连接处 8. 增大吸油管和回油管的距离 9. 使回油管浸入油箱 10. 加设固定管卡，增设隔振垫
系统无压力或压力不足	1. 动力不足 2. 液压元件和连接处，内外泄漏严重 3. 溢流阀出现故障 4. 压力油路上的各种压力阀的阀芯被卡住，导致泵卸荷	1. 检查动力源 2. 修理或更换相关元件 3. 检修溢流阀 4. 清洗或修复有关的压力阀
系统流量不足	1. 液压泵转速过低 2. 液压泵吸空 3. 溢流阀调定压力偏低，溢流量偏大 4. 有相对运动的液压元件磨损严重，系统中各连接处密封不严，内外泄漏严重	1. 将泵转速调到规定值 2. 改善吸油条件 3. 重新调整溢流阀压力 4. 修复元件，更换密封件

练习题

一、填空题

1. 液压传动系统是根据设备的工作要求，选用适当的_____组成的能够完成一定任务的液压系统。

2. 液压系统一般用液压系统图来表示，它是用国家标准规定的_____来表示的液压系统工作原理图。

3. YT4543 型动力滑台液压系统中采用_____中位机能三位换向阀的卸荷回路。

4. YB32-200 型液压压力机液压系统中，系统工作压力由_____调定。

二、判断题（正确的在括号内画"√"，错误的在括号内画"×"）

1. YT4543 型动力滑台液压系统中的快速运动回路采用差动连接。　　　　　（　　）

2. YT4543 型动力滑台液压系统中的二次进给回路采用调速阀并联的方式实现。（　　）

3. YT4543 型动力滑台液压系统（见图 7-2）中单向阀 8 的作用是隔离进油路和回油路。　　　　　　　　　　　　　　　　　　　　　　　　　　　　　（　　）

4. YB32-200 型液压压力机液压系统（见图 7-3）中液动换向阀 6 的中位机能是 O 型。
　　　　　　　　　　　　　　　　　　　　　　　　　　　　　　　　（　　）

三、选择题

1. YT4543 型动力滑台液压系统中单向阀 6 的作用是（　　　　）。

（A）隔离进油路和回油路　　　　　　（B）保护液压泵

（C）实现缸的快退　　　　　　　　　（D）实现变量泵备压

2. YT4543 型动力滑台液压系统中的二次进给采用（　　　　）节流调速方式。

（A）回油路　　　　（B）旁油路　　　　（C）进油路　　　　（D）均可

3. YB32-200 型液压压力机液压系统中溢流阀 13 的作用是（　　　　）。

（A）调压　　　　（B）安全阀　　　　（C）溢流　　　　（D）二次调压

四、简答题

1. 分析液压系统图的步骤是什么?

2. 图 7-1 所示 YT4543 型动力滑台液压系统由哪些基本回路组成，是如何进行差动的? 单向阀 6 在系统中的作用是什么?

3. 在图 7-3 所示的压力机液压系统中，减压阀 4、单向阀 10 和液控单向阀 11 的作用是什么?

下篇 气压传动

随着工业、科技的飞速发展，气动技术的应用涉及机械、电子、钢铁、汽车、轻工、纺织、化工、食品、军工、包装、印刷等各个行业。由于气压传动的动力传递介质是取之不尽的空气，对环境污染小，工程实现容易，所以在自动化控制领域中充分显示出强大的生命力和广阔的发展前景。

项目八

气动基础知识

随着机电一体化技术的飞速发展，特别是气动技术、液压技术、传感器技术、PLC 技术、网络及通信技术等学科的互相渗透而形成的机电一体化技术被各种领域广泛应用后，气动技术已成为当今工业科技的重要组成部分。本项目主要介绍气动系统的组成、特点，压缩空气的性质，空气压缩站的组成及各部分的作用，气源调节装置的组成和作用，空气压缩机的正确使用和保养。

任务一 认识气动系统

知识要点
- 气动系统的概念和组成。
- 气动系统的特点。

技能要点
- 理解压缩空气的性质。

气动技术在机械、电子、钢铁、运输车辆、橡胶、纺织、轻工、化工、食品、包装、印刷、烟草等各个制造行业，尤其在各种自动化生产装备和生产线中得到了非常广泛的应用，成为当今应用较广、发展较快，也较易被接受和重视的技术之一。要全面了解气动技术，首先需要熟悉系统的组成以及气动系统中用于驱动的压缩空气的由来与特性。

一、任务分析

气动技术由风动技术和液压技术演变发展而来，它作为一门独立的技术门类至今还不到 50 年。气动技术是气压传动与控制的简称，它是以空气为工作介质，进行能量传递或信号传递及控制的技术。

二、相关知识

图 8-1 所示为一个气动系统的回路。气动三联件 1Z1 用于对压缩空气进行过滤、减压和注入润滑油雾；按钮 1S1、1S2 信号经梭阀 1V2 处理后控制主控换向阀 1V1 切换到左位，使汽缸 1A1 伸出；行程阀 1S3 则在汽缸活塞杆伸出到位后，发出信号控制 1V1 切换回右位，使汽缸活塞缩回。

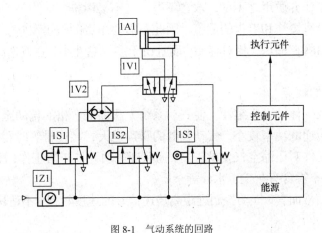

图 8-1　气动系统的回路

1. 气动系统的基本组成

由上面的例子可以看出，气压传动系统主要由以下几个部分组成。

① 能源装置。它是把机械能转换成流体压力能的装置，主要把空气压缩到原有体积的 1/7 左右形成压缩空气，一般常见的是空气压缩机。

② 执行装置。它是把流体的压力能转换成机械能的装置，主要利用压缩空气实现不同的动作，一般指汽缸和气压马达。

③ 控制调节装置。它是气压系统中对流体的压力、流量和流动方向进行控制和调节的装置。

④ 辅助装置。它是指除以上 3 种装置以外的其他装置，如各种管接头、气管、蓄能器、过滤器、压力计等，它们起着连接、储气、过滤、储存压力能、测量气压等辅助作用，对保证气压系统可靠、稳定、持久地工作有着重大作用。

⑤ 工作介质。它主要是压缩空气。

2. 气动系统的特点

自 20 世纪 80 年代以来，自动化技术得到迅速发展。自动化实现的主要方式有机械方式、电气方式、液压方式、气动方式等。这些方式都有各自的优缺点和适用范围。任何一种方式都不是万能的，在对实际生产设备、生产线进行自动化设计和改造时，必须对各种技术进行比较，扬长避短，选出最适合的方式或几种方式的组合，以使设备更简单、更经济，工作更可靠、更安全。

（1）气动系统的优点

综合各方面因素，气动系统之所以能得到如此迅速的发展和广泛的应用，是由于它们有许多突出的优点。

① 气动系统执行元件的速度、转矩、功率均可作无级调节，且调节简单、方便。

② 气动系统容易实现自动化的工作循环。气动系统中，气体的压力、流量和方向控制容易。与电气控制相配合，可以方便地实现复杂的自动工作过程的控制和远程控制。

③ 气动系统过载时不会发生危险，安全性高。

④ 气动元件易于实现系列化、标准化和通用化，便于设计、制造。

⑤ 气压传动工作介质用之不尽，取之不竭，且不易污染。

⑥ 压缩空气没有爆炸和着火的危险，因此不需要昂贵的防爆设施。

⑦ 压缩空气由管道输送，相对容易，而且由于空气黏性小，在输送时压力损失小，可进行远距离压力输送。

（2）气动系统的缺点

① 气体泄漏及气体的可压缩性，使气动系统无法保证严格的传动比。

② 气压传动传递的功率较小，气动装置的噪声也大，高速排气时要加消声器。

③ 由于气动元件对压缩空气要求较高，为保证气动元件正常工作，压缩空气必须经过良好的过滤和干燥，不得含有灰尘、水分等杂质。

④ 相对于电信号而言，气动控制远距离传递信号的速度较慢，不适用于需要高速传递信号的复杂回路。

三、任务实施

根据上述所学知识，在实训台上认识各个元器件，并能根据气动系统回路图找出各个元器件；掌握气动系统的概念、组成、特点及各组成部分的作用。

 知识链接

在气压系统中，压缩空气是传递动力和信号的工作介质，气压系统能否可靠地工作，在很大程度上取决于系统中所用的压缩空气，因此，在研究气压系统之前，须对系统中使用的压缩空气及其性质进行必要的介绍。

1. 压缩空气的性质

（1）空气的组成

自然界的空气是由若干种气体混合而成的，表 8-1 所示为地表附近空气的组成。在城市和工厂区，烟雾及汽车尾气使得大气中还含有二氧化硫、亚硝酸、碳氢化合物等。空气里常含有少量水蒸气，含有水蒸气的空气称为湿空气，完全不含水蒸气的空气称为干空气。

表 8-1			地表附近空气的组成			
成　　分	氮（N₂）	氧（O₂）	氩（Ar）	二氧化碳（CO₂）	氢（H₂）	其他气体
体积分数/%	78.03	20.95	0.93	0.03	0.01	0.05

（2）密度

单位体积内所含气体的质量称为密度，用 ρ（单位为 kg/m^3）表示，即

$$\rho = \frac{m}{V}$$

式中，m——空气的质量，kg；

　　　V——空气的体积，m^3。

（3）黏度

黏度是由于分子之间的内聚力，在分子间相对运动时产生内摩擦力，从而阻碍了其运动的性质，用黏度 ν 表示。与液体相比，气体的黏度要小得多。空气的黏度主要受温度变化的影响，且随温度的升高而增大。空气的运动黏度与温度的关系如表 8-2 所示。

表 8-2			空气的运动黏度与温度的关系（压力为 0.1MPa）					
$t/℃$	0	5	10	20	30	40	60	80	100
$\nu/（10^{-4}m^2 \cdot s^{-1}）$	0.133	0.142	0.147	0.157	0.166	0.176	0.195	0.21	0.238

（4）湿度

空气中的水蒸气在一定条件下会凝结成水滴，水滴不仅会腐蚀元件，而且会给系统工作的稳定性带来不良影响。因此，不仅各种气动元器件对空气含水量有明确规定，而且还常需要采取一些措施防止水分进入系统。

湿空气中所含水蒸气的程度用湿度和含湿量来表示，而湿度的表示方法有绝对湿度和相对湿度之分。

2. 压缩空气的污染

由于压缩空气中的水分、油污、灰尘等杂质不经处理直接进入管路系统时，会对系统造成不良后果，所以气压传动系统中所使用的压缩空气必须经过干燥和净化处理后才能使用。压缩空气中杂质的来源主要有以下几个方面。

① 系统外部通过空气压缩机等设备吸入的杂质。即使在停机时，外界的杂质也会从阀的排气口进入系统内部。

② 系统运行时内部产生的杂质。例如，湿空气被压缩、冷却时出现的冷凝水，压缩机油在高温下变质生成的油泥，管道内部产生的锈屑，相对运动件磨损而产生的金属粉末和橡胶细末，密封和过滤材料的细末等。

③ 系统安装和维修时产生的杂质。例如，安装、维修时未清除掉的铁屑、毛刺、纱头、焊接氧化皮、铸砂、密封材料碎片等。

3. 空气的质量等级

随着机电一体化程度的不断提高，气动元件日趋精密。气动元件本身的低功率、小型化、集成化，以及微电子、食品、制药等行业对作业环境的严格要求和污染控制，都对压缩空气

的质量和净化提出了更高的要求。不同的气动设备，对空气质量的要求不同。空气质量低劣，造成气动设备也会频繁发生事故，使用寿命缩短。但如果对空气质量提出要求过高，又会增加压缩空气的成本。

任务二　选择气源装置

知识要点
- 空气压缩站的组成及各部分的作用。
- 气源调节装置的组成和作用。

技能要点
- 能正确使用和保养空气压缩机。
- 熟悉典型元件的图形符号。

压缩空气是气动技术的控制介质，气动技术的最终目的是利用压缩空气来驱动不同的机械装置。气动系统工作时，工作介质（空气）中水分和固体颗粒杂质等的含量决定着系统能否正常工作。因此，在气动系统中必须对空气进行压缩、干燥、净化等处理。

一、任务分析

对空气进行压缩、干燥、净化，向各个设备提供洁净、干燥的压缩空气的装置称为空气压缩站。空气压缩站（简称空压站）是为气动设备提供压缩空气的动力源装置，是气动系统的重要组成部分。对于一个气动系统来说，一般规定：排气量大于或等于 $6m^3/min$ 时，就应独立设置空气压缩站；若排气量低于 $6m^3/min$，可将空气压缩机或气泵直接安装在主机旁。

二、相关知识

对于一般的空压站（除空气压缩机外），还必须设置过滤器、后冷却器、油水分离器、储气罐等装置。如图 8-2 和图 8-3 所示，空压站的布局根据对压缩空气的不同要求，可以有多种不同的形式。

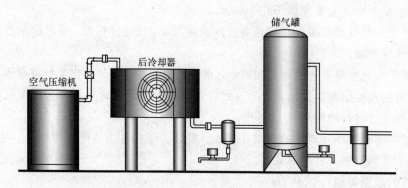

图 8-2　压缩空气质量要求一般的空压站

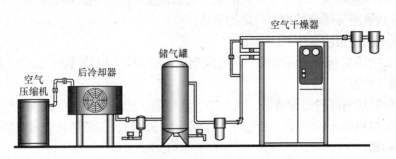

图 8-3 压缩空气质量要求严格的空压站

1. 空气压缩机

空气压缩机（简称空压机）是空压站的核心装置，它的作用是将电动机输出的机械能转换成压缩空气的压力能供给气动系统使用。

（1）空压机的分类

① 按压力大小，空压机可分成低压型（0.2～1.0MPa）、中压型（1.0～10MPa）和高压型（>10MPa）。

② 按工作原理的不同，空压机则可分成容积型和速度型。

a. 容积型空压机的工作原理是将一定量的连续气流限制在封闭的空间里，通过缩小气体的容积来提高气体的压力。按结构不同，容积式空压机又可分成往复式（活塞式、膜片式等）和旋转式（滑片式、螺杆式等）。

b. 速度型空压机是通过提高气体流速，并使其突然受阻而停滞，将其动能转化成压力能来提高气体的压力的。速度型空压机主要有离心式、轴流式、混流式等几种。

活塞式空压机的工作原理

（2）空压机的工作原理

目前，使用最广泛的是活塞式空压机。单级活塞式空压机通常用于需要 0.3～0.7MPa 压力范围的场合。若压力超过 0.7MPa，其各项性能指标将急剧下降，故往往采用分级压缩以提高输出压力。为了提高效率，降低空气温度，还需要进行中间冷却。以采用二级压缩的活塞式空压机为例，其工作原理如图 8-4 所示。通过曲柄滑块机构带动活塞做往复运动，使汽缸容积的大小发生周期性的变化，从而实现对空气的吸入、压缩和排出。

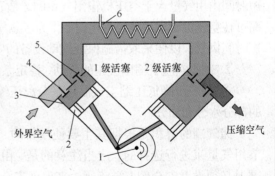

图 8-4 二级活塞式空压机

1—转轴；2—活塞；3—缸体；4—吸气阀；
5—气阀；6—中间冷却器

（3）空压机的选用

选择空压机的主要依据是气动系统的工作压力、流量和一些特殊的工作要求。选择工作压力时，考虑到沿程压力损失，气源压力应比气动系统中工作装置所需的最高压力再增大 20% 左右。至于气动系统中工作压力较低的工作装置，则采用减压阀减压供气。空压机的输出流量以整个气动系统所需的最大理论耗气量为依据，再考虑到泄漏等影响后加上一定的余量。

（4）空压机的使用注意事项

① 往复式空压机所用的润滑油一定要定期更换，应使用不易氧化和不易变质的压缩机油，防止出现"油泥"。

② 空压机的周围环境必须清洁、粉尘少、温度低、通风好，以保证吸入空气的质量。

③ 空压机在启动前后应将小储气罐中的冷凝水排放掉，并定期检查过滤器。

2. 后冷却器

空压机输出的压缩空气温度可以达到 120℃以上，空气中水分完全呈气态。后冷却器的作用就是将空压机出口的高温空气冷却至 40℃以下，将其中大部分水蒸气和变质油雾冷凝成液态水滴和油滴，从空气中分离出来。所以后冷却器底部一般安装有手动或自动排水装置，对冷凝水和油滴等杂质进行及时排放。

后冷却器有风冷式和水冷式两大类。

风冷式后冷却器是通过风扇产生的冷空气吹向带散热片的热空气管道，对压缩空气进行冷却。风冷式后冷却器不需冷却水设备，不用担心断水或水冻结。风冷式后冷却器占地面积小，重量轻，结构紧凑，运转成本低，易维修，但只适用于入口空气温度低于 100℃，且需处理空气量较少的场合。

水冷式后冷却器是通过强迫冷却水沿压缩空气流动方向的反方向流动来进行冷却的，其工作原理如图 8-5 所示。水冷式后冷却器散热面积是风冷式的 25 倍，热交换均匀，分水效率高，故适用于入口空气温度低于 200℃，且需处理空气量较大、湿度大、尘埃多的场合。

3. 储气罐

储气罐主要有以下作用。

① 用来储存一定量的压缩空气，一方面可解决短时间内用气量大于空压机输出气量的矛盾；另一方面可在空压机出现故障或停电时，作为应急气源维持短时间供气，以便采取措施保证气动设备的安全。

② 减小空压机输出气压的脉动，稳定系统气压。

③ 进一步降低压缩空气温度，分离压缩空气中的部分水分和油分。

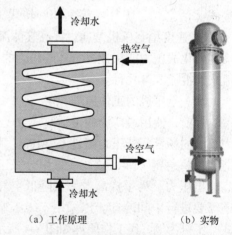

图 8-5　后冷却器的工作原理及实物

（a）工作原理　　　　（b）实物

储气罐的容积是根据其主要使用目的，即是用来消除压力脉动还是储存压缩空气、调节用气量来进行选择的。应当注意的是，由于压缩空气具有很强的可膨胀性，所以在储气罐上必须设置安全阀（溢流阀）来保证安全。储气罐底部还应装有排污阀，并对罐中的污水进行定期排放。

4. 空气干燥器

空气干燥器是吸收和排除压缩空气中水分和部分油分与杂质，使湿空气成为干空气的装置。压缩空气的干燥方法有冷冻法、吸附法、吸收法和高分子隔膜干燥法。

压缩空气经后冷却器、油水分离器、储气罐、主管路过滤器和空气过滤器得到初步净化后，仍含有一定量的水蒸气。气压传动系统对压缩空气中的含水量要求非常高，如果过多的水分经压缩空气带到各零部件上，气动系统的使用寿命会明显缩短。

（1）冷冻式干燥器

　　冷冻式干燥器是利用冷冻法对空气进行干燥处理的。冷冻干燥法是通过将湿空气冷却到其露点温度以下，使空气中的水蒸气凝结成水滴并排除出去以实现空气干燥的。经过干燥处理的空气需再加热至环境温度后才能输送出去供系统使用。其工作原理如图 8-6 所示。

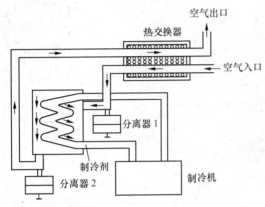

图 8-6　冷冻式干燥器的工作原理

（2）吸附式干燥器

　　吸附干燥法是利用具有吸附性能的吸附剂（如硅胶、活性氧化铝、分子筛等）吸附空气中水分的一种干燥方法。吸附剂吸附了空气中的水分后将达到饱和状态而失效。为了能够连续工作，就必须使吸附剂中的水分排除掉，使吸附剂恢复到干燥状态，这称为吸附剂的再生。目前吸附剂的再生方法有两种，即加热再生和无热再生。吸附式干燥器的工作原理如图 8-7 所示。

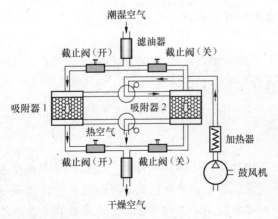

图 8-7　吸附式干燥器的工作原理

（3）吸收式干燥器

　　吸收式干燥法是利用不可再生的化学干燥剂来获得干燥压缩空气的方法。吸收式干燥器

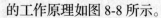
的工作原理如图 8-8 所示。

（4）高分子隔膜式干燥器

高分子隔膜干燥法是利用特殊的高分子中空隔膜只有水蒸气可以通过，氧气和氮气不能透过的特性来进行空气干燥的。高分子隔膜式干燥器的工作原理如图 8-9 所示。

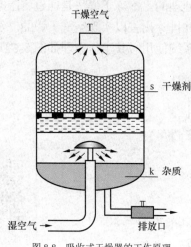

图 8-8　吸收式干燥器的工作原理

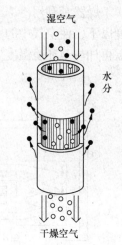

图 8-9　高分子隔膜式干燥器的工作原理

三、任务实施

根据上述所学知识，在操作实训台上认识各个元器件，并能在操作实训台上根据回路图找出各个元器件；能根据具体的回路图分析出气动系统的组成及各部分的作用；掌握各部分的工作原理。

实训操作

1．根据操作实训台上的回路图分析、认识各元器件。
2．调节空压机的输出功率。
3．调节气动三联件（参见下面的"知识链接"）的输出压力。
4．对空压机和气动三联件进行日常维护和保养。

知识链接

油雾器、空气过滤器和调压阀组合在一起构成气源调节装置，通常被称为气动三联件，它是气动系统中常用的气源处理装置。联合使用时，其顺序应为空气过滤器→调压阀→油雾器，不能颠倒。这是因为调压阀内部有阻尼小孔和喷嘴，这些小孔容易被杂质堵塞而造成调压阀失灵，所以进入调压阀的气体先要通过空气过滤器进行过滤。而为避免油雾器中产生的油雾受到阻碍或被过滤，油雾器应安装在调压阀的后面。在采用无油润滑的回路中则不需要油雾器。图 8-10 所示为气动三联件。

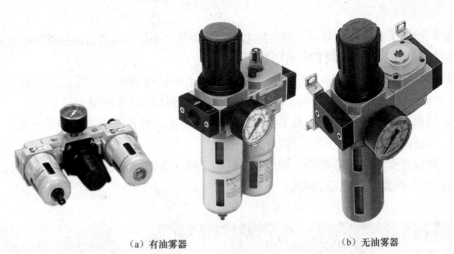

(a) 有油雾器　　　　　　　　　　　(b) 无油雾器

图 8-10　气动三联件

1. 油雾器

以压缩空气为动力源的气动元件不能采用普通的方法进行注油润滑，只能将油雾混入气流，来对部件进行润滑。油雾器是气动系统中一种专用的注油装置。它以压缩空气为动力，将特定的润滑油喷射成雾状混合于压缩空气中，并随压缩空气进入需要润滑的部位，达到润滑的目的。

2. 空气过滤器

空气过滤器主要用于除去压缩空气中的固态杂质、水滴、油污等污染物，是保证气动设备正常运行的重要元件。按过滤器的排水方式，可分为手动排水式和自动排水式。

3. 调压阀（减压阀）

在气动传动系统中，空压站输出的压缩空气压力一般都高于每台气动装置所需的压力，而且压力波动较大。调压阀的作用是将较高的输入压力调整到符合设备的使用要求，并保持输出压力稳定。由于调压阀的输出压力必然小于输入压力，所以调压阀也常被称为减压阀。

项目小结

在本项目中，要了解气动系统概念和组成，理解气动系统的特点及压缩空气的性质；掌握空压站的组成、各部分的作用，气源调节装置的组成和作用；熟悉典型元件的图形符号。

项目拓展

空压机的日常维护及保养事项

① 保持机器的清洁，每年将机器的各部件清洁一次，空压机每使用 500h 后应将气阀拆

出清洗。

② 定期检查所有的防护装罩、警告标志等安全装置，不定期检查各部位螺钉的松紧程度。

③ 储气罐的放水阀每日打开一次排除油水。

④ 润滑油液位每天检查一次，并定期更换新油（初运转 50h 或一周后更换新油，以后每 300h 或 150h 更换新油一次，每 36h 加油一次），确保空压机正常润滑。

⑤ 定期检查空压机的压力释放装置、停车保护装置，检查压力表（半年一次）、安全阀的灵敏性，确保空压机处于正常工作状态。

⑥ 定期检查受高温的零部件，如阀、汽缸盖、排气管道，清除附着在内壁上的油垢和积炭物。运转时，严禁触摸高温部件。

练习题

一、填空题

1. 气动系统是由_____、_____、_____、_____等部分组成的。

2. 空气压缩站主要由_____、_____、_____、_____等部分组成。

3. 气源调节装置是由_____、_____、_____等部分组成的。

二、判断题（正确的在括号内画"√"，错误的在括号内画"×"）

1. 空气压缩机就是空气压缩站。 （　　）

2. 压缩空气是气动系统的工作介质。 （　　）

3. 汽缸和气压马达是气动系统的能源装置。 （　　）

三、选择题

1. 对空气进行压缩、净化，向各个设备提供洁净压缩空气的装置是（　　）。

（A）空压机　　　　（B）后冷却器　　　　（C）空压站　　　　（D）空气干燥器

2. 属于气源调节装置的是（　　）。

（A）油雾器　　　　（B）空气干燥器　　　　（C）储气罐　　　　（D）汽缸

四、简答题

1. 简述气动系统各组成部分的作用。

2. 简述空压站各组成部分的作用。

3. 简述气源调节装置各组成部分的作用。

4. 简述气动系统的特点。

使用气动执行元件

在气动系统中将压缩空气的压力能转换为机械能，驱动工作机构做往复直线运动、摆动或者旋转运动的元件称为气动执行元件。由于气动执行元件都是采用压缩空气作为动力源，因此其输出力或力矩都不可能很大，同时由于空气的可压缩性，使其受负载的影响也较大。本项目主要介绍气动执行元件的作用和分类、各种汽缸的工作原理及图形符号，介绍各种气动马达的作用，气动马达的工作原理、特点和图形符号。

任务一　选择汽缸

知识要点
- 气动执行元件的作用和分类。
- 普通汽缸的工作原理。
- 缓冲式汽缸的工作原理。

技能要点
- 熟悉汽缸的图形符号。
- 掌握缓冲式汽缸的缓冲调节方法。

气动执行元件用来将压缩空气的压力能转化为机械能，从而实现所需的直线运动、摆动或回转运动等。那么这些动作是通过哪些元件来实现的，这些元件的类型又有哪些？为使各种运动顺利完成，必须合理选择出所需的动力装置，为此需要了解气动执行元件的类型、工作原理、结构特点及选择方法。与液压系统相似，气动执行元件主要有汽缸和气动马达。

一、任务分析

汽缸是气压传动系统中使用最多的一种执行元件，用于实现往复直线运动，输出推力和位移。根据使用条件、场合的不同，其结构、形状也有多种形式。

二、相关知识

1. 汽缸的分类

汽缸的种类很多，常见的分类方法有以下几种。

① 按汽缸活塞的受压状态可分为单作用汽缸和双作用汽缸。

② 按汽缸的结构特征可分为活塞式汽缸、柱塞式汽缸、薄膜式汽缸、叶片式摆动汽缸、齿轮齿条式摆动汽缸等。

③ 按汽缸的安装方式可分为固定式汽缸、轴销式汽缸、回转式汽缸、嵌入式汽缸等。

④ 按汽缸的功能可分为普通汽缸和特殊功能汽缸。

2. 普通汽缸的工作原理

普通汽缸有单作用汽缸和双作用汽缸。

（1）单作用汽缸

单作用汽缸只在活塞一侧，可以通入压缩空气使其伸出或缩回，另一侧是通过呼吸孔开放在大气中的。这种汽缸只能在一个方向上做功。活塞的反向动作则靠一个复位弹簧或施加外力来实现。由于压缩空气只能在一个方向上控制汽缸活塞的运动，所以称为单作用汽缸。图 9-1 所示为单作用汽缸的结构及图形符号。

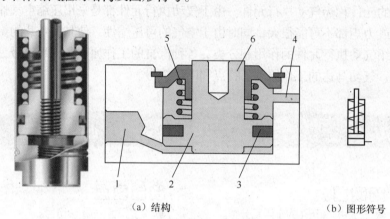

（a）结构　　　　　　　　　　　　（b）图形符号

图 9-1　单作用汽缸的结构及图形符号

1—进、排气口；2—活塞；3—活塞密封圈；4—呼吸口；5—复位弹簧；6—活塞杆

单作用汽缸的特点如下。

① 由于单边进气，因此结构简单，耗气量小。

② 缸内安装了弹簧，增加了汽缸长度，缩短了汽缸的有效行程，其行程受弹簧长度限制。

③ 借助弹簧力复位，使压缩空气的能量有一部分用来克服弹簧张力，减小了活塞杆的输出力，而且输出力的大小和活塞杆的运动速度在整个行程中随弹簧的变形而变化。

因此，单作用汽缸多用于行程较短以及对活塞杆输出力和运动速度要求不高的场合。

（2）双作用汽缸

双作用汽缸活塞的往返运动是依靠压缩空气在缸内被活塞分隔开的两个腔室（有杆腔、无杆腔）交替进入和排出来实现的，压缩空气可以在两个方向上做功。由于汽缸活塞的往返运动全部靠压缩空气来完成，所以称为双作用汽缸。图 9-2 所示为双作用汽缸的结构及图形符号。

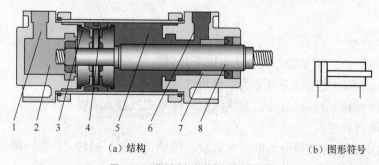

（a）结构　　　　　　　　　　　　（b）图形符号

图 9-2　双作用汽缸的结构及图形符号

1、6—进、排气口；2—无杆腔；3—活塞；4—密封圈；5—有杆腔；7—导向环；8—活塞杆

由于没有复位弹簧，双作用汽缸可以实现更长的有效行程和稳定的输出力。但双作用汽缸是利用压缩空气交替作用于活塞上实现伸缩运动的，由于回缩时压缩空气有效作用面积较小，所以产生的力要小于伸出时产生的推力。

3. 缓冲装置

在利用汽缸进行长行程或重负荷工作时，若汽缸活塞接近行程末端仍具有较高的速度，可能造成对端盖的损害性冲击。为了避免这种现象，应在汽缸的两端设置缓冲装置。缓冲装置的作用是当汽缸行程接近末端时，减缓汽缸活塞运动速度，防止活塞对端盖的高速撞击。

（1）缓冲汽缸

在端盖上设置缓冲装置的汽缸称为缓冲汽缸，否则称为无缓冲汽缸。缓冲装置主要由节流阀、缓冲柱塞和缓冲密封圈组成。

如图 9-3（a）所示，缓冲汽缸接近行程末端时，缓冲柱塞阻断了空气直接流向外部的通路，使空气只能通过一个可调的节流阀排出。由于空气排出受阻，使活塞运动速度下降，避免了活塞对端盖的高速撞击。

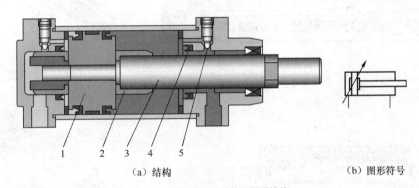

（a）结构　　　　　　　　　　　　　　　　　　　（b）图形符号

图 9-3　缓冲汽缸的结构及图形符号

1—活塞；2—缓冲柱塞；3—活塞杆；4—缓冲密封圈；5—可调节流阀

（2）缓冲器

对于运动件质量大、运动速度很高的汽缸，如果汽缸本身的缓冲能力不足，仍会对汽缸端盖和设备造成损害。为避免这种损害，应在汽缸外部另外设置缓冲器来吸收冲击能。常用的缓冲器有弹簧缓冲器、气压缓冲器和液压缓冲器。弹簧缓冲器是利用弹簧压缩产生的弹力来吸收冲击时的机械能；气压和液压缓冲器都是主要通过气流或液流的节流流动来将冲击能量转化为热能，其中液压缓冲器能承受高速冲击，缓冲性能较好。

三、任务实施

根据上面所学知识，在实训台上认清各种汽缸，了解各种汽缸的工作原理，尤其要掌握普通汽缸的工作原理、缓冲汽缸的工作原理及调节方法；认清各种汽缸的图形符号；能根据实际需要，合理、正确地选择所需汽缸。

知识链接

其他类型的汽缸

汽缸的种类非常繁多。除上面所述最常用的单作用、双作用汽缸外，还有无杆汽缸、导向汽缸、双出杆汽缸、多位汽缸、气囊汽缸、气动手指等。

1. 直动汽缸

（1）无杆汽缸

无杆汽缸顾名思义就是没有活塞杆的汽缸，它利用活塞直接或间接带动负载实现往复运动。由于没有活塞杆，汽缸可以在较小的空间中实现更长的行程运动。无杆汽缸主要有机械耦合（见图9-4）、磁性耦合（见图9-5）等结构形式。

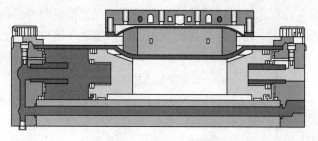

（a）剖面结构　　　　　　　　　　　　　　　　　（b）实物

图9-4　机械耦合式无杆汽缸的剖面结构及实物

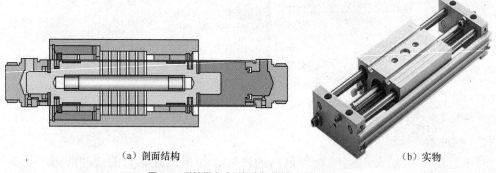

（a）剖面结构　　　　　　　　　　　　　　　　　（b）实物

图9-5　磁性耦合式无杆汽缸的剖面结构及实物

（2）双活塞杆汽缸

双活塞杆汽缸（见图9-6）具有两个活塞杆。在双活塞杆汽缸中，通过连接板将两个并列的活塞杆连接起来，在定位和移动工具或零件时，这种结构可以抗扭转。与相同缸径的标准汽缸相比，双活塞杆汽缸可以获得两倍的输出力。

图9-6　双活塞杆汽缸

（3）双端单活塞杆汽缸

这种汽缸[见图 9-7（a）]的活塞两端都有活塞杆，活塞两侧受力面积相等，即汽缸的推力和拉力是相等的。双端单活塞杆汽缸也称为双出杆汽缸。

（a）双端单活塞杆汽缸　　　　　　　（b）双端双活塞杆汽缸

图 9-7　双端单活塞杆汽缸及双端双活塞杆汽缸

（4）双端双活塞杆汽缸

这种汽缸[见图 9-7（b）]的活塞两端都有两个活塞杆。在这种汽缸中，通过两个连接板将两个并列的双端活塞杆连接起来，以获得良好的抗扭转性。与相同缸径的标准汽缸相比，这种汽缸可以获得两倍的输出力。

（5）导向汽缸

导向汽缸如图 9-8 所示。它一般由一个标准双作用汽缸和一个导向装置组成。其特点是结构紧凑、坚固，导向精度高，并能抗扭矩，承载能力强。导向汽缸的驱动单元和导向单元被封闭在同一外壳内，并可根据具体要求选择安装滑动轴承或滚动轴承支撑。

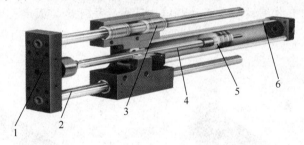

图 9-8　导向汽缸的结构

1—端板；2—导杆；3—滑动轴承或滚动轴承支撑；4—活塞杆；5—活塞；6—缸体

（6）多位汽缸

由于压缩空气具有很强的可压缩性，所以汽缸本身不能实现精确定位。将缸径相同但行程不同的两个或多个汽缸连接起来，组合后的汽缸就能具有 3 个或 3 个以上的精确停止位置，这种类型的汽缸称为多位汽缸，如图 9-9 所示。

图 9-9　多位汽缸

（7）气囊汽缸

气囊汽缸如图9-10所示，它是通过对一节或多节具有良好伸缩性的气囊进行充气加压和排气来实现对负载的驱动的。气囊汽缸既可以作为驱动器也可以作为气弹簧来使用。通过给汽缸加压或排气，该汽缸就作为驱动器来使用；如果保持气囊汽缸的充气状态，就成了一个气弹簧。

图9-10　气囊汽缸

这种汽缸的结构简单，由两块金属板扣住橡胶气囊而成。气囊汽缸为单作用动作方式，无需复位弹簧。

（8）气动肌腱

气动肌腱如图9-11所示，它是一种新型的气动执行机构，由一个柔性软管构成的收缩系统和连接器组成。当压缩气体进入柔性管时，气动肌腱就在径向上扩张，长度变短，产生拉伸力，并在径向有收缩运动。气动肌腱的最大行程可达其额定长度的25%，可产生比传统气动驱动器驱动力大10倍的力，由于其具有良好的密封性，可以不受污垢、沙子和灰尘的影响。

图9-11　气动肌腱

（9）气动手指

气动手指（气爪）可以实现各种抓取功能，是现代气动机械手中一个重要部件。气动手指的主要类型有平行气爪、摆动气爪、旋转气爪、三点气爪等。气动手指能实现双向抓取、自动对中，并可安装无接触式位置检测元件，有较高的重复精度。

① 平行气爪。平行气爪如图9-12所示，它通过两个活塞工作。通常让一个活塞受压，另一活塞排气实现手指移动。平行气爪的手指只能轴向对心移动，不能单独移动一个手指。

② 摆动气爪。摆动气爪通过一个带环形槽的活塞杆带动手指运动。由于气爪手指耳环始终与环形槽相连，所以手指移动能实现自对中，并保证抓取力矩的恒定。

③ 旋转气爪。旋转气爪如图 9-13 所示，它是通过齿轮齿条来进行手指运动的。齿轮齿条可使气爪手指同时移动并自动对中，确保抓取力的恒定。

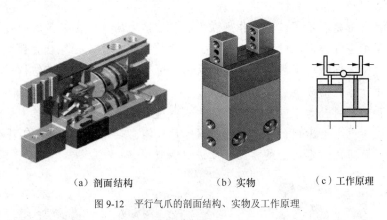

（a）剖面结构　　　　（b）实物　　　　（c）工作原理

图 9-12　平行气爪的剖面结构、实物及工作原理

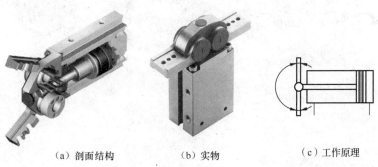

（a）剖面结构　　　　（b）实物　　　　（c）工作原理

图 9-13　旋转气爪的剖面结构、实物及工作原理

④ 三点气爪。三点气爪如图 9-14 所示，它通过一个带环形槽的活塞带动 3 个曲柄工作。每个曲柄与一个手指相连，因而使手指打开或闭合。

（a）剖面结构　　　　（b）实物　　　　（c）工作原理

图 9-14　三点气爪的剖面结构、实物及工作原理

2. 摆动汽缸

摆动汽缸是利用压缩空气驱动输出轴在小于 360° 的角度范围内做往复摆动的气动执行元件，多用于物体的转位、零件的翻转、阀门的开闭等场合。

摆动汽缸按结构特点可分为叶片式、齿轮齿条式两大类。

（1）叶片式摆动汽缸

叶片式摆动汽缸是利用压缩空气作用在安装于缸体内的叶片上来带动回转轴从而实现往复摆动的。当压缩空气作用在叶片的一侧时，叶片另一侧排气，叶片就会带动转轴向一个方向转动；改变气流方向就能实现叶片转动的反向。叶片式摆动汽缸具有结构紧凑、工作效率高的特点，常用于零件的分类、翻转、夹紧。

叶片式摆动汽缸可分为单叶片式和双叶片式两种。单叶片式摆动汽缸（见图 9-15）输出轴转角大，可以实现小于 360° 的往复摆动；双叶片式输出轴转角小，只能实现小于 180° 的摆动。通过挡块装置可以对摆动缸的摆动角度进行调节。

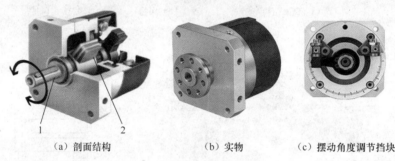

（a）剖面结构　　　　　　（b）实物　　　　　（c）摆动角度调节挡块

图 9-15　单叶片式摆动汽缸

1—转轴；2—叶片

（2）齿轮齿条式摆动汽缸

齿轮齿条式摆动汽缸（见图 9-16）利用气压推动活塞带动齿条做往复直线运动，齿条带动与之啮合的齿轮做相应的往复摆动，并由齿轮轴输出转矩。这种摆动汽缸的回转角度不受限制，可超过 360°（实际使用一般不超过 360°），但不宜太大，否则齿条太长，给加工带来困难。齿轮齿条式摆动汽缸有单齿条和双齿条两种结构。

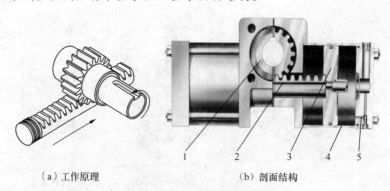

（a）工作原理　　　　　　　　　（b）剖面结构

图 9-16　齿轮齿条式摆动汽缸

1—齿轮；2—齿条；3—活塞；4—缸体；5—端位缓冲

任务二　选择气动马达

知识要点
- 气动马达的工作原理。

技能要点
- 熟悉气动马达的图形符号。

除汽缸以外，在实际应用过程中，气动马达也是一种常用的气动执行元件。气动马达是将压缩空气的压力能转换成机械能的能量转换装置。

一、任务分析

气动马达是将压缩空气的压力能转换为连续旋转运动的气动执行元件，其作用相当于电动机或液压马达，即输出力矩带动机构做旋转运动。

二、相关知识

气动马达按结构形式分为叶片式、活塞式和薄膜式。在气压传动中应用最广泛的是叶片式气动马达和活塞式气动马达。

1. 叶片式气动马达

叶片式气动马达的工作原理

叶片式气动马达主要由定子、转子和叶片组成。如图 9-17 所示，压缩空气由输入口进入，作用在工作腔两侧的叶片上。由于转子偏心安装，气压作用在两侧叶片上的转矩不等，使转子旋转。转子转动时，每个工作腔的容积在不断变化。相邻两个工作腔间存在压力差，这个压力差进一步推动转子的转动。做功后的气体从输出口输出。如果调换压缩空气的输入和输出方向，就可让转子反向旋转。

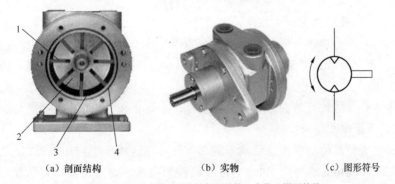

（a）剖面结构　　　　　（b）实物　　　　　（c）图形符号

图 9-17　叶片式气动马达的剖面结构、实物及图形符号

1—叶片；2—转子；3—工作腔；4—定子

叶片马达体积小、重量轻、结构简单，但耗气量较大，一般用于中、小容量及高转速的场合。

2. 活塞式气动马达

活塞式气动马达是一种通过曲柄或斜盘将多个汽缸活塞的输出力转换为回转运动的气动马达。为达到力的平衡，活塞式气动马达的汽缸数目大多为偶数。汽缸可以径向配置和轴向配置，称为径向活塞式气动马达和轴向活塞式气动马达。在图 9-18 所示的径向活塞式气动马达剖面结构中，5 个汽缸均匀分布在气动马达壳体的圆周上，5 个连杆都装在同一个曲轴的曲拐上。压缩空气顺序推动各汽缸活塞伸缩，从而带动曲轴连续旋转。

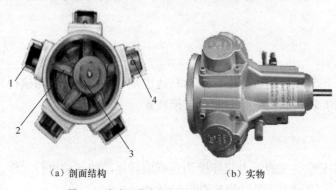

（a）剖面结构　　　　　　　（b）实物

图 9-18　径向活塞式气动马达的剖面结构及实物

1—汽缸；2—连杆；3—曲轴；4—活塞

三、任务实施

根据上面所学知识，要认识各种气动马达，了解各种气动马达的作用，掌握气动马达的工作原理及特点，认清各种气动马达的图形符号。能根据实际需要，合理、正确地选择所需的气动马达。

 知识链接

气动马达的特点

气动马达与电动机和液压马达相比，有以下特点。

① 由于气动马达的工作介质是压缩空气，以及它本身结构上的特点，即有良好的防爆、防潮和耐水性，不受振动、高温、电磁、辐射等影响，因此可在高温、潮湿、高粉尘等恶劣环境下使用。

② 气动马达具有结构简单、体积小、重量轻、操纵容易、维修方便等特点，其用过的空气也不需处理，不会造成污染。

③ 气动马达有很宽的功率和速度调节范围。气动马达功率小到几百瓦，大到几万瓦，转速可以从零到 25 000r/min 或更高。通过对流量的控制即可非常方便地达到调节功率和速度的目的。

④ 正反转实现方便。只要改变进气、排气方向就能实现正、反转换向，而且回转部分惯性小，且空气本身的惯性也小，所以能快速地启动和停止。

⑤ 具有过载保护性能。在过载时气动马达只会降低速度或停车，当负载减小时即能重新

正常运转，不会因过载而烧毁。

⑥ 气动马达能长期满载工作，由于压缩空气绝热膨胀的冷却作用，能降低滑动摩擦部分的发热，因此气动马达能在高温环境下运行，其温升较小。

⑦ 气动马达，特别是叶片式气动马达转速高，零部件磨损快，需及时检修、清洗或更换。

⑧ 气动马达还具有输出功率小、耗气量大、效率低、噪声大和易产生振动的特点。

项目小结

在本项目中，要了解气动执行元件的作用和分类。

掌握各种汽缸的工作原理，尤其要掌握普通汽缸的工作原理、缓冲汽缸的工作原理及调节方法。熟悉各种汽缸的图形符号。能根据实际需要，合理、正确地选择所需汽缸。

练习题

一、填空题

1. 常用的气动执行元件有_____和_____。

2. 气动执行元件用来将_____的_____转化为_____。

3. 汽缸用于实现往复的_____运动，输出_____和_____。

4. 气动马达的作用相当于_____或_____，输出_____和_____。

二、判断题（正确的在括号内画"√"，错误的在括号内画"×"）

1. 汽缸是气动系统中最常用的一种执行元件。 （　　）

2. 气动马达是一种气动控制元件。 （　　）

3. 单作用汽缸只有一端进气，双作用汽缸两端都可进气。 （　　）

三、选择题

1. 按汽缸的结构特征可分为（　　）、柱塞式汽缸、薄膜式汽缸、叶片式摆动汽缸和齿轮齿条式摆动汽缸等。

（A）单作用汽缸 　（B）双作用汽缸 　　（C）活塞式汽缸 　　（D）普通汽缸

2. 摆动汽缸按结构特点可分为（　　）和齿轮齿条式两大类。

（A）单作用汽缸 　（B）双作用汽缸 　　（C）活塞式汽缸 　　（D）叶片式汽缸

3. 气动马达按结构形式分为叶片式、（　　）和薄膜式。

（A）单作用式 　（B）双作用式 　　（C）活塞式 　　　　（D）普通式

四、简答题

1. 简述气动执行元件的作用和分类。

2. 简述普通汽缸的工作原理。

3. 简述缓冲式汽缸的工作原理及调节方法。

4. 简述叶片式气动马达和活塞式气动马达的工作原理。

使用方向控制阀及方向控制回路

在气动基本回路中，最基本的任务是实现气动执行元件运动方向的控制，而方向控制是由哪些气动元件完成的？其回路是由哪些元件组成的？工作原理是什么？这些问题将在本项目中一一介绍。

任务一　使用方向控制阀

知识要点
● 方向控制阀的分类、结构和应用。

技能要点
● 熟悉方向控制阀的图形符号并会识读。

一、任务分析

要设计某一气动系统方向控制回路，使相应的气动执行元件完成相应的运动，就需要使用方向控制阀对机构实行方向控制。因而须对方向控制阀的控制方法、图形符号等有一个全面的了解。

二、相关知识

用于通断气路或改变气流方向，从而控制气动执行元件启动、停止和换向的元件称为方向控制阀。它是气动系统中应用较多的一种控制元件。方向控制阀主要有单向阀和换向阀两种。

1. 单向阀

单向阀是用来控制气流方向，使之只能单向通过的方向控制阀。单向阀的工作原理如图10-1（a）所示。在气压传动系统中单向阀一般和其他控制阀并联，使之只在某一特定方向上起控制作用。

2. 换向阀

用于改变气体通道，使气体流动方向发生变

单向型控制阀的
工作原理

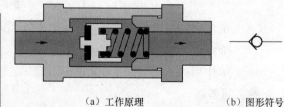

　　　（a）工作原理　　　　　　　　（b）图形符号

图 10-1　单向阀的工作原理及图形符号

化从而改变气动执行元件运动方向的元件称为换向阀。换向阀按操控方式主要分为人力控制、机械控制、气压控制和电磁控制 4 类。

（1）人力控制换向阀

依靠人力对阀芯位置进行切换的换向阀称为人力控制换向阀，简称人控阀。人控阀又可分为手动换向阀（按钮式）和脚踏换向阀两大类。常用的手动换向阀的工作原理及图形符号如图10-2所示。

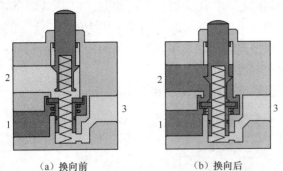

（a）换向前　　　　　　（b）换向后　　　　　（c）图形符号

手动控制换向阀的工作原理

图10-2　手动换向阀的工作原理及图形符号

人力控制换向阀与其他控制方式相比，使用频率较低，动作速度较慢。因操纵力不宜太大，所以阀的通径较小，操作也比较灵活。在直接控制回路中，人力控制换向阀用来直接操纵气动执行元件，用作信号阀。人力控制换向阀常用的操控机构如图10-3所示。

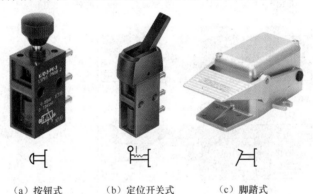

（a）按钮式　　　　　（b）定位开关式　　　　　（c）脚踏式

图10-3　人力控制换向阀常用的操控机构

（2）机械控制换向阀

机械控制换向阀是利用安装在工作台上的凸轮、撞块或其他机械外力来推动阀芯动作实现换向的换向阀。由于它主要用来控制和检测机械运动部件的行程，所以一般也称为行程阀。行程阀常见的操控方式有顶杆式、滚轮式、单向滚轮式等，其换向原理与手动换向阀类似。

顶杆式是利用机械外力直接推动阀杆的头部使阀芯位置变化实现换向的。滚轮式头部安装滚轮可以减小阀杆所受的侧向力。单向滚轮式行程阀常用来排除回路中的障碍信号，其头部滚轮是可折回的。如图10-4所示，单向滚轮式行程阀只有在凸块从正方向通过滚轮时才能压下阀杆发生换向；反向通过时，滚轮式行程阀不换向。

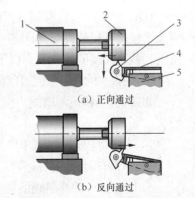

（a）正向通过

（b）反向通过

图10-4　单向滚轮式行程阀的工作原理
1—汽缸；2—凸块；3—滚轮；4—阀杆；5—行程阀阀体

113

气压控制换向阀的
工作原理

（3）气压控制换向阀

气压控制换向阀是利用气压力来实现换向的，简称气控阀。根据控制方式的不同可分为加压控制、卸压控制和差压控制3种。

加压控制是指控制信号的压力上升到阀芯动作压力时，主阀换向，它是最常用的气控阀；卸压控制是指所加的气压控制信号减小到某一压力值时阀芯动作，主阀换向；差压控制是利用换向阀两端气压有效作用面积的不等使阀芯两侧产生压力差来使阀芯动作实现换向的。

常用加压控制换向阀的工作原理及图形符号如图10-5和图10-6所示。

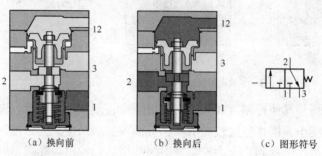

（a）换向前　　　　　　（b）换向后　　　　　　（c）图形符号

图10-5　单端气控弹簧复位二位三通换向阀的工作原理及图形符号

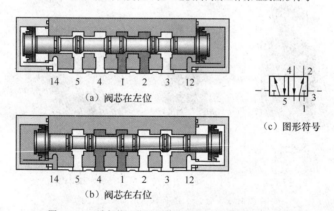

（a）阀芯在左位

（b）阀芯在右位

（c）图形符号

图10-6　双端气控二位五通换向阀的工作原理及图形符号

在图10-5中可以看到，阀的开启和关闭是通过在气控口12加上或撤销一定压力的气体使大于管道直径的圆盘形阀芯在阀体内移动来进行控制的，这种结构的换向阀称为截止式换向阀。截止式换向阀主要有以下特点。

① 用很小的移动量就可以使阀完全开启，阀流通能力强，因此便于设计成紧凑的大流量阀。

② 抗粉尘和抗污染能力强，对空气的过滤精度及润滑要求不高，适用于环境比较恶劣的场合。

③ 当阀口较多时，结构太复杂，所以一般用于三通或二通阀。

④ 因为有阻碍换向的背压存在，阀芯关闭紧密，泄漏量小，但换向阻力也较大。

图10-6所示的换向阀的换向是通过在气控口12或气控口14加上一定压力的气体，使圆柱形阀芯在阀套内做轴向运动来实现的，这种结构的换向阀称为滑阀式换向阀。滑阀式换向阀主要有以下特点。

① 换向行程长，即阀门从完全关闭到完全开启所需的时间长。

② 切换时，没有背压阻力，所需换向力小，动作灵敏。

③ 结构具有对称性，作用在阀芯上的力保持轴向平衡，阀容易实现记忆功能。即控制信号在换向阀换向完成后即使消失，阀芯仍能保持当前位置不变。

④ 阀芯在阀体内滑动，对杂质敏感，对气源处理要求较高。

⑤ 通用性强，易设计成多位多通阀。只要稍微改变阀套或阀芯的尺寸、形状就能实现机能的改变。

（4）电磁控制换向阀

电磁控制换向阀是利用电磁线圈通电时所产生的电磁吸力使阀芯改变位置来实现换向的，简称为电磁换向阀。电磁阀能够利用电信号对气流方向进行控制，使得气压传动系统可以实现电气控制，它是气动控制系统中最重要的元件。

电磁换向阀按操控方式的不同可分为直动式和先导式，如图 10-7 所示。

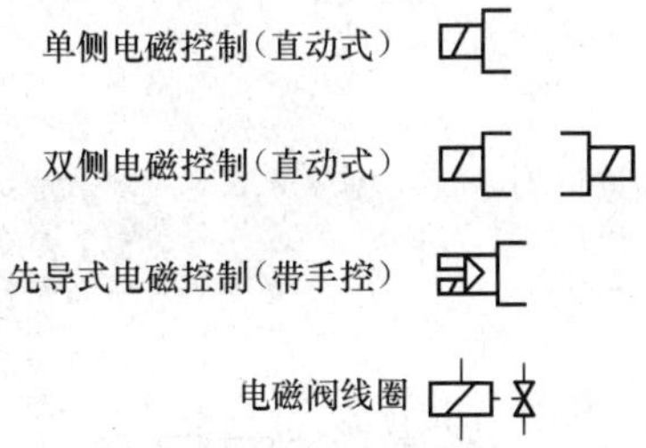

① 直动式电磁换向阀。直动式电磁阀是利用电磁线圈通电时，静铁心对动铁心产生的电磁吸力直接推动阀芯移动实现换向的。

② 先导式电磁换向阀。直动式电磁阀由于阀芯的换向行程受电磁吸合行程的限制，只适用于小型阀。先导式电磁换向阀则由直动式电磁阀（导阀）和气控换向阀（主阀）两部分构成。其中直动式电磁阀在电磁先导阀线圈得电后，导通产生先导气压。先导气压再来推动大型气控换向阀阀芯动作，实现换向，如图 10-8 所示。

单侧电磁控制（直动式）

双侧电磁控制（直动式）

先导式电磁控制（带手控）

电磁阀线圈

图 10-7 电磁换向阀操控方式的表示方法

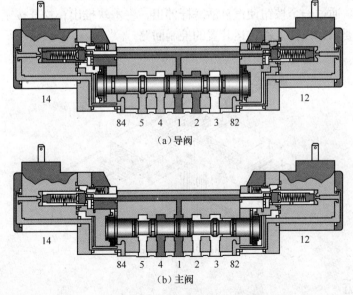

（a）导阀

（b）主阀

图 10-8 先导式电磁换向阀的工作原理

三、任务实施

根据上述所学知识，应熟练掌握各种方向控制阀（尤其是换向阀）的图形符号，如图10-9所示。

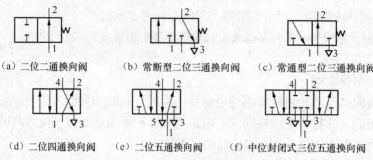

(a) 二位二通换向阀　　　(b) 常断型二位三通换向阀　　　(c) 常通型二位三通换向阀

(d) 二位四通换向阀　　　(e) 二位五通换向阀　　　(f) 中位封闭式三位五通换向阀

图10-9　常用换向阀的图形符号

任务二　使用方向控制回路

知识要点
- 气动控制系统回路的表示及分析方法。
- 方向控制回路的类型及应用。

技能要点
- 能根据气动控制系统回路图识读出各个元器件。
- 能对方向控制回路进行分析。

如图10-10所示，利用一个汽缸将某方向传送装置送来的木料推送到与其垂直的传送装置上进一步加工。通过一个按钮使汽缸活塞杆伸出，将木块推出；松开按钮，汽缸活塞杆缩回。试根据上述要求，设计工件转运装置的控制回路。

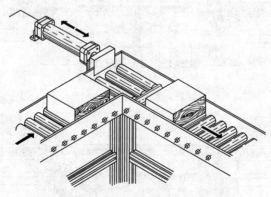

图10-10　工件转运装置

一、任务分析

对于这个任务应根据木块大小，确定汽缸活塞行程大小。对于行程较小的，可以采用单作用汽缸；行程如果较长，就应采用双作用汽缸。这就需要在掌握方向控制阀的基础上，还应对气动控制系统回路的表示及分析方法、方向控制回路的类型及应用等有一个全面的了解。

二、相关知识

1. 气动回路图

用图形符号来表示气动系统中的各个元件及其功能，并按设计需要进行组合以构成对一个实际控制问题的解决方案，这就构成了气动系统的回路图。图 8-1 所示为一个气动回路图。

2. 直接控制与间接控制

（1）直接控制与间接控制的定义

如图 10-11（a）所示，通过人力或机械外力直接控制换向阀换向来实现执行元件动作控制，这种控制方式称为直接控制。间接控制则指的是执行元件由气控换向阀来控制动作，人力、机械外力等外部输入信号只是用来控制气控换向阀的换向，不直接控制执行元件动作，如图 10-11（b）所示。

（2）直接控制与间接控制的特点

直接控制所用元件少，回路简单，主要用于单作用汽缸或双作用汽缸的简单控制，但无法满足换向条件比较复杂的控制要求。而且由于直接控制是由人力和机械外力直接操控换向阀换向的，操作力较小，因此只适用于所需气流量和控制阀尺寸相对较小的场合。

间接控制主要用于以下两种场合。

① 控制要求比较复杂的回路。

② 高速或大口径执行元件的控制。

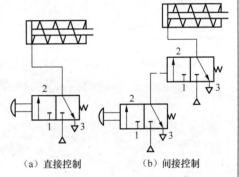

（a）直接控制　　（b）间接控制

图 10-11　汽缸的直接控制与间接控制

三、任务实施

对于图 10-10 所示工件转运装置的气动系统控制回路的设计，可以采用图 10-12 所示的直接控制回路来完成，也可采用图 10-13 所示的间接控制回路来完成。

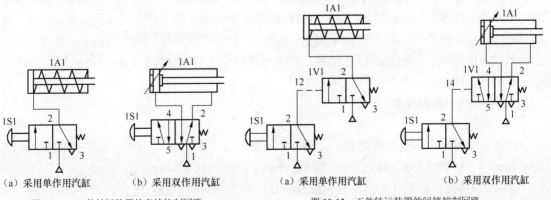

（a）采用单作用汽缸　　（b）采用双作用汽缸　　　　（a）采用单作用汽缸　　（b）采用双作用汽缸

图 10-12　工件转运装置的直接控制回路　　　　　　图 10-13　工件转运装置的间接控制回路

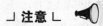 注意

在气动控制技术中，一般要求一个执行元件对应一个方向控制阀来控制其运动方向，这个方向控制阀称为主控阀或末级控制元件。

 实训操作

1．根据图 10-12、图 10-13 所示的回路图，找出其中所需的元件。

2．在实训台上合理布局，连接出正确的控制系统并检查。

3．连接无误后，打开气源和电源，观察汽缸运行情况。

4．根据实训现象对直接控制和间接控制两种实现方式进行比较。

5．对实训中出现的问题进行分析和解决。

6．实训完成后，将各元件整理后放回原位。

项目小结

在本项目中，应掌握气动控制系统回路的表示及分析方法，掌握方向控制回路的类型及应用，学会根据气动控制系统回路图识读出各个元器件，掌握方向控制回路的分析方法。

项目拓展

电气控制回路

利用气动控制元件对气动执行元件进行运动控制的回路称为全气动控制回路。它一般适用于需耐水，有高防爆、防火要求，不能有电磁噪声干扰的场合以及元件数较少的小型气动系统。

而在实际气动系统中，由于回路一般都比较复杂，或者系统中除了气动执行元件外还有电动机、液压缸等其他类型的执行元件，所以大都采用电气控制方式。这样，不仅能对不同类型的执行元件进行集中统一控制，也可较方便地满足复杂的控制要求和实现远程控制。此外，电信号的传递速度也要远远高于气压信号的传递速度，控制系统可以获得更高的响应速度。

气动系统电气控制回路的设计思想、方法与其他系统的电气控制回路设计思想、方法是基本相同的，所用电气控制元件也基本相同。

1. 基本电气控制元件

（1）按钮

按钮是一种最基本的主令电器，如图 10-14 所示，它是通过人力来短时接通或断开电路的电气元件。按触点形式不同它可分为动合按钮、动断按钮和复合按钮。

① 动合按钮：在无外力作用时，触点断开；外力作用时，触点闭合。

② 动断按钮：无外力作用时，触点闭合；外力作用时，触点断开。

③ 复合按钮中既有动合触点，又有动断触点。

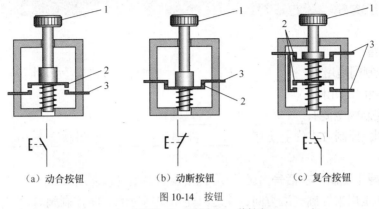

（a）动合按钮　　　　　　（b）动断按钮　　　　　　（c）复合按钮

图 10-14　按钮

1—按钮帽；2—动触头；3—静触头

（2）电磁继电器

电磁继电器在电气控制系统中起控制、放大、联锁、保护和调节的作用，是实现控制过程自动化的重要元件，其工作原理如图 10-15 所示。电磁继电器的线圈通电后，所产生的电磁吸力克服释放弹簧的反作用力使铁心和衔铁吸合。衔铁带动动触头 1，使其和静触头 2 分断，同时和静触头 4 闭合。线圈断电后，在释放弹簧的作用下，衔铁带动动触头 1 与静触头 4 分断，与静触头 2 再次回复闭合状态。

2. 电气控制回路

在这个任务中，如果采用双作用汽缸，可以得到图 10-16 所示的电气控制回路。方案 1 中采用按钮 S1 直接控制电磁阀线圈通断电，回路简单；方案 2 中采用按钮 S1 控制电磁继电器线圈通断电，继电器触点控制电磁阀线圈通断电，回路比较复杂。但由于继电器提供多对触点，因此回路具有良好的可扩展性。采用单作用汽缸时的电气控制回路与此基本相同。

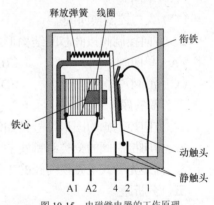

图 10-15　电磁继电器的工作原理

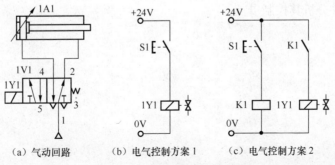

（a）气动回路　　　　（b）电气控制方案 1　　　　（c）电气控制方案 2

图 10-16　工件转运装置的电气控制回路

练习题

一、填空题

1. 方向控制阀是用于_____或_____方向，从而控制气动执行元件_____、_____和换向的元件。

2. 方向控制阀主要有_____和_____两种。

3. 换向阀按控制方式分主要有_____控制、_____控制、_____控制和_____控制 4 类。

二、判断题（正确的在括号内画"√"，错误的在括号内画"×"）

1. 单向阀是用来控制气流方向，使之只能单向通过的方向控制阀。 （   ）

2. 气压控制换向阀是利用机械外力来实现换向的。 （   ）

3. 直接控制是通过人力或机械外力直接控制换向阀换向来实现执行元件动作控制的。

（   ）

三、选择题

1. 利用安装在工作台上的凸轮、撞块或其他机械外力来推动阀芯动作实现换向的换向阀是（   ）。

（A）单向阀   （B）机械控制换向阀

（C）人力控制换向阀   （D）气压控制换向阀

2. 方向控制阀按阀芯的结构形式分为截止阀和（   ）。

（A）单向阀   （B）机械控制换向阀

（C）滑阀   （D）软质密封阀

四、简答题

1. 方向控制阀的图形符号是如何表示的？

2. 方向控制阀的分类有哪些？

3. 简述先导式电磁换向阀的工作原理。

五、分析题

试对图 10-12 和图 10-13 所示的工件转运装置的直接控制及间接控制回路进行分析，找出各执行元件，并分析其控制步骤。

认识压力控制阀及压力控制回路

压力控制阀主要用来控制系统中气体的压力，满足各种压力要求，或用于节能。

气压传动系统与液压传动系统一个不同的特点是，液压传动系统的液压油是由安装在每台设备上的液压源直接提供的；而气压传动则是将比使用压力高的压缩空气储存于储气罐中，然后减压到适用于系统的压力。因此，每台气动装置的供气压力都需要用减压阀（在气动系统中又称调压阀）来减压，并保持供气压力值稳定。对于低压控制系统（如气动测量），除用减压阀降低压力外，还需要用精密减压阀（或定值器）以获得更稳定的供气压力。当输入压力在一定范围内改变时，这类压力控制阀能保持输出压力不变；当管路中压力超过允许压力时，为了保证系统的工作安全，往往用安全阀实现自动排气，以使系统的压力下降。

压力控制回路的功用是使系统保持在某一规定的压力范围内。常用的有一次压力控制回路、二次压力控制回路和高低压转换回路。

在实际生产加工中，为了适应不同加工要求，气动控制系统的工作压力应该可以调节。本项目主要介绍各类压力控制阀的工作原理和应用以及压力控制回路的回路分析。

任务一　认识压力控制阀

知识要点
- 各类压力控制阀的种类、工作原理和应用。

技能要点
- 熟悉各压力控制阀的图形符号。

在工业气动控制中，如冲压、拉伸、夹紧等很多过程都需要对执行元件的输出力进行调节或根据输出力的大小对执行元件进行控制。那么用什么气动控制元件来调整执行元件的输出力呢？

一、任务分析

在气动控制中一般用压力控制阀完成系统压力的调节和控制，以适应实际工作中执行元件对输出力的不同要求。

二、相关知识

1. 压力控制的定义和应用

压力控制主要指的是控制、调节气动系统中压缩空气的压力，以满足系统对压力的要求。在气压传动系统中，控制压缩空气的压力和依靠气压力来控制执行元件动作顺序的阀统称为压力控制阀。根据阀的控制作用不同，压力控制阀可分为减压阀、溢流阀和顺序阀。

对于双作用汽缸而言，其活塞所产生的推力是其工作压力与活塞有效面积的乘积，即

$$F = p \times A = p \times \frac{\pi D^2}{4}$$

可以看到，汽缸所产生的输出力正比于汽缸缸径的平方和工作压力。

在气动系统中，为了限定系统最高压力，防止元件和管路损坏，确保系统安全，还需要能在出现超过系统最高设定压力时自动排气的安全阀。此外在实际生产中，如在进行冲压、模压、夹紧或吸持零件时，还可以采用专门的压力控制元件来根据气动执行元件的工作压力大小进行动作控制。

2. 减压阀

（1）作用

减压阀又称调压阀，用来调节或控制气压的变化，并保持降压后的输出压力值稳定在需要的值上，确保系统压力的稳定。

（2）减压阀的分类

减压阀的种类繁多，可按压力调节方式、排气方式等进行分类。

① 按压力调节方式分类。按压力调节方式不同，减压阀有直动式减压阀和先导式减压阀两大类。直动式减压阀是利用手柄或旋钮直接调节调压弹簧来改变减压阀输出压力；先导式减压阀是采用压缩空气代替调压弹簧来调节输出压力。先导式减压阀又可分为外部先导式和内部先导式。

② 按排气方式分类。按排气方式不同，减压阀可分为溢流式、非溢流式和恒量排气式3种。溢流式减压阀的特点是减压过程中从溢流孔中排出少量多余的气体，维持输出压力不变。非溢流式减压阀没有溢流孔，使用时回路中要安装一个放气阀，以排出输出侧的部分气体，它适用于调节有害气体压力的场合，可防止大气污染。恒量排气式减压阀始终有微量气体从溢流阀座的小孔排出，能更准确地调整压力，一般用于输出压力要求调节精度高的场合。

（3）减压阀的结构原理

① 直动式减压阀。直动式减压阀的结构如图11-1所示。其工作原理是：顺时针方向旋

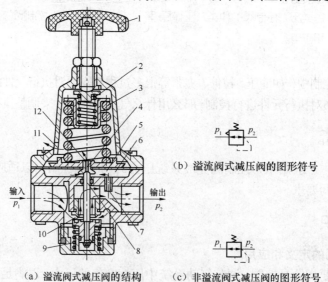

（b）溢流阀式减压阀的图形符号

（a）溢流阀式减压阀的结构　　（c）非溢流阀式减压阀的图形符号

图11-1　直动式减压阀的结构

1—调节旋钮；2、3—调压弹簧；4—溢流阀座；5—膜片；6—膜片气室；7—阻尼管；8—阀杆；
9—复位弹簧；10—进气阀；11—排气孔；12—溢流孔

转旋钮 1，经过调压弹簧 2、3，推动膜片 5 下移，膜片 5 又推动阀杆 8 下移，进气阀 10 被打开，使出口压力 p_2 增大。同时，输出气压经反馈通道（即阻尼管）7 在膜片 5 上产生向上的推力。这个作用力总是试图把进气阀关小，使出口压力降低，这样的作用称为负反馈。当作用在膜片上的反馈力与弹簧的作用力相平衡时，减压阀便有稳定的压力输出。

② 先导式减压阀。当减压阀的输出压力较高（在 0.7MPa 以上）或配管直径很大（在 20mm 以上）时，若用直动式减压阀，其调压弹簧必须较硬，阀的结构尺寸较大，调压的稳定性较差。为了克服这些缺点，此时一般宜采用先导式减压阀。

先导式减压阀的工作原理和结构与直动式调压阀基本相同，所不同的是，先导式调压阀的调压气体一般是由小型的直动式减压阀供给，用调压气体代替调压弹簧来调整输出压力。先导式减压阀可分为内部先导和外部先导。若把小型直动式减压阀装在阀的内部，来控制主阀输出压力，则称为内部先导式减压阀，如图 11-2 所示。

固定节流孔 1 及气室 4 组成的喷嘴挡板环节。由于先导气压的调节部分采用了具有高灵敏度的喷嘴挡板机构，当喷嘴 2 与挡板 3 之间的距离发生微小变化时（零点几毫米），就会使气室 4 中压力发生很明显的变化，从而使膜片 9 产生较大的位移，并控制阀芯 7 上下移动，使主阀口开大或开小，提高了对阀芯控制的灵敏度，故有较高的调压精度。

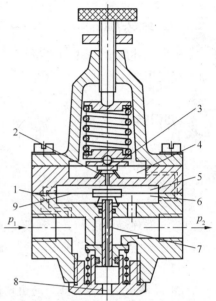

图 11-2　内部先导式减压阀

1—固定节流孔；2—喷嘴；3—挡板；
4—上气室；5—中气室；6—下气室；
7—阀芯；8—排气孔；9—膜片

精密减压阀在气源压力变化 ±0.1MPa 时，出口压力变化小于 0.5%。出口流量在 5% ~ 100% 范围内波动时，出口压力变化小于 0.5%。

若将小型直动式减压阀装在主阀的外部，则称为外部先导式减压阀，如图 11-3 所示。

外部先导式减压阀靠主阀外部的一只小型直动溢流式减压阀供给压缩气体来控制膜片上下移动，实现输出压力调整的目的。所以，外部先导式减压阀又称远距离控制式减压阀。

（4）减压阀的选择

① 根据调压精度的不同，选择不同形式的减压阀。要求出口压力波动小时，如出口压力波动不大于工作压力最大值的 ±0.5%，则选用精密减压阀。

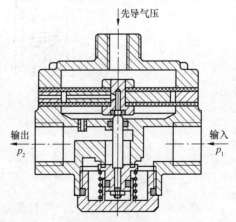

图 11-3　外部先导式减压阀

② 根据系统控制的要求，如需遥控或通径大于 20mm 以上时，应选用外部先导式减压阀。

③ 确定阀的类型后，由所需最大输出流量选择阀的通径，决定阀的气源压力时应使其大于最高输出压力 0.1MPa。

三、任务实施

根据上述所学知识，应熟练掌握各种压力控制阀的图形符号以及各类压力控制阀的工作原理和应用。

 知识链接

1. 溢流阀

（1）溢流阀的作用

溢流阀（安全阀）在系统中起限制最高压力、保护系统安全的作用。当回路、储气罐的压力上升到设定值以上时，溢流阀（安全阀）把超过设定值的压缩空气排入大气，以保持输入压力不超过设定值。

安全阀

（2）溢流阀的工作原理

图 11-4 所示为溢流阀。它由调压弹簧 2、调节手轮 1、阀芯 3 和壳体组成。当气动系统的气体压力在规定的范围内时，由于气压作用在阀芯 3 上的力小于调压弹簧 2 的预压力，所以阀门处于关闭状态。当气动系统的压力升高，作用在阀芯 3 上的力超过了弹簧 2 的预压力时，阀芯 3 就克服弹簧力向上移动，阀芯 3 开启，压缩空气由排气孔 T 排出，实现溢流，直到系统的压力降至规定压力以下时，阀重新关闭。开启压力大小靠调压弹簧的预压缩量来实现。

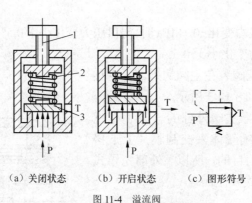

（a）关闭状态　　（b）开启状态　　（c）图形符号

图 11-4　溢流阀

1—调节手轮；2—调压弹簧；3—阀芯

（3）溢流阀的分类

溢流阀与减压阀相类似，按控制方式分为直动式和先导式两种。

图 11-5 所示为直动式溢流阀，其开启压力与关闭压力比较接近，即压力特性较好，动作灵敏，但最大开启量比较小，即流量特性较差。

图 11-6 所示为先导式溢流阀，它由一小型的直动式减压阀提供控制信号，以气压代替弹簧控制溢流阀的开启压力。先导式溢流阀一般用于管道直径大或需要远距离控制的场合。

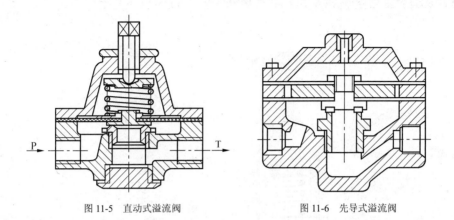

图 11-5　直动式溢流阀　　　　　　　图 11-6　先导式溢流阀

（4）溢流阀的选型方法

① 根据需要的溢流量选择溢流阀的通径。

② 溢流阀的调定压力越接近阀的最高使用压力，则溢流阀的溢流特性越好。

2. 顺序阀

（1）顺序阀的作用

顺序阀是根据回路中气体压力的大小来控制各种执行机构按顺序动作的压力控制阀。顺序阀常与单向阀组合使用，称为单向顺序阀。

（2）顺序阀的工作原理

顺序阀靠调压弹簧压缩量来控制其开启压力的大小。顺序阀工作原理如图 11-7 所示，压缩空气进入进气腔作用在阀芯上，当此力小于弹簧的压力时，阀为关闭状态，A 无输出。而当作用在阀芯上的力大于弹簧的压力时，阀芯被顶起，阀为开启状态，压缩空气由 P 口流入，从 A 口流出，然后输出到汽缸或气控换向阀。

顺序阀的工作原理

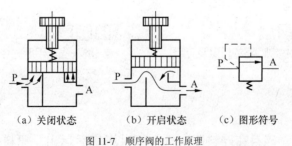

（a）关闭状态　　　（b）开启状态　　　（c）图形符号

图 11-7　顺序阀的工作原理

（3）单向顺序阀的工作原理

单向顺序阀［见图 11-8（a）］是由顺序阀与单向阀并联组合而成的。它依靠气路中压力的作用而控制执行元件的顺序动作。其开启状态的工作原理如图 11-8（b）所示，当压缩空气进入工作腔 4 后，作用在阀芯 3 上的力大于弹簧 2 的力时，将阀芯 3 顶起，压缩空气从 P

口经工作腔 4、6 到 A 口，然后输出到汽缸或气控换向阀。当切换气源，压缩空气从 A 口流向 P 口时，顺序阀关闭，此时工作腔 6 内的压力高于工作腔 4 内压力，在压差作用下，打开单向阀 5，反向的压缩空气从 A 口到 T 口排出，如图 11-8（c）所示。

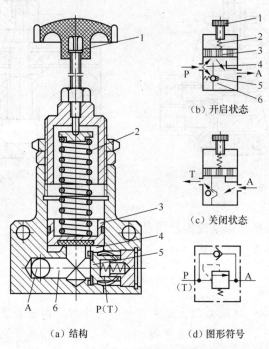

（a）结构　　　　　　　　（d）图形符号

（b）开启状态

（c）关闭状态

图 11-8　单向顺序阀

1—调节手轮；2—弹簧；3—阀芯；4、6—工作腔；5—单向阀

任务二　认识压力控制回路

知识要点
● 压力控制回路的特点及应用。

技能要点
● 能正确选用压力控制回路中的各种元件。

如图 11-9 所示，碎料在碎料压实机中经过压实后运出。原料由送料口送入压实机中，汽缸 2A1 将其推入压实区。汽缸 1A1 用于对碎料进行压实。其活塞在一个手动按钮控制下伸出，对碎料进行压实。当汽缸无杆腔压力达到 0.5MPa 时，表明一个压实过程结束，汽缸活塞自动缩回。这时可以打开压实区的底板，将压实后的碎料从压实机底部取出。

一、任务分析

这里，汽缸 1A1 活塞的返回控制应采用压力顺序阀实现，其检测压力应为汽缸无杆腔压力。如不进行节流，可能在压实时由于压力上升过快，压力顺序阀无法可靠动作，所以应通过进气节流来降低压力上升速度。为方便压力检测和压力顺序阀压力值的设定，应在相应检测位置安装压力表。

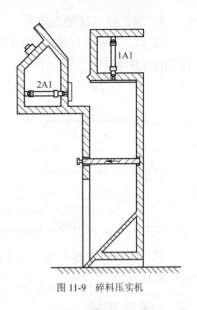

图 11-9　碎料压实机

二、相关知识

在工业控制中，如冲压、拉伸、夹紧等很多过程都需要对执行元件的输出力进行调节或根据输出力的大小对执行元件动作进行控制。这不仅是维持系统正常工作所必需的，同时也关系到系统的安全性、可靠性以及执行元件动作能否正常实现等多个方面。因此，压力控制回路也是气压传动控制中除方向控制回路、速度控制回路以外的一种非常重要的控制回路。

1. 压力控制回路

压力控制回路是对系统压力进行调节和控制的回路。在气动控制系统中，压力控制主要有两种：一是控制一次压力，提高气动系统工作的安全性；二是控制二次压力，给气动装置提供稳定的工作压力，这样才能充分发挥元件的功能和性能。

2. 一次压力控制回路

图 11-10 所示为一次压力控制回路。此回路主要用于把空气压缩机的输出压力控制在一定压力范围内。因为系统中压力过高，除了会增加压缩空气输送过程中的

压力控制回路

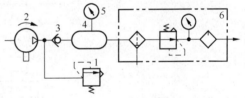

图 11-10　一次压力控制回路
1—溢流阀；2—空气压缩机；3—单向阀；4—储气罐；
5—压力表；6—气动三联件

压力损失和泄漏以外，还会使管道或元件破裂而发生危险。因此，压力应始终控制在系统的额定值以下。

该回路中常用外控型溢流阀 1 保持供气压力基本恒定，用电触点式压力表 5 来控制空气压缩机 2 的转、停，使储气罐 4 内的压力保持在规定的范围内。一般情况下，空气压缩机的出口压力为 0.8MPa 左右。

3. 二次压力控制回路

图 11-11 所示为二次压力控制回路。此回路的主要作用是对气动装置气源入口处的压力进行调节，提供稳定的工作压力。

该回路一般由空气过滤器、减压阀和油雾器组成，通常称为气动调节装置（气动三联件）。其中，过滤器除去压缩空气中的灰尘、水分等杂质；减压阀调节压力并使其稳定；油雾器使清洁的润滑油雾化后注入空气流中，对需要润滑的气动部件进行润滑。

4. 高、低压转换回路

图 11-12 所示为高、低压转换回路，此回路主要满足某些气动设备时而需要高压、时而需要低压的需求。

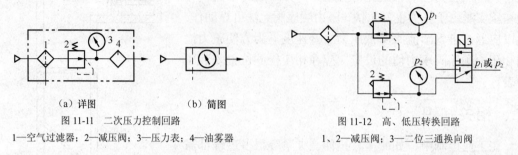

（a）详图　　　　（b）简图

图 11-11　二次压力控制回路

1—空气过滤器；2—减压阀；3—压力表；4—油雾器

图 11-12　高、低压转换回路

1、2—减压阀；3—二位三通换向阀

该回路用两个减压阀 1 和 2 调出两种不同的压力 p_1 和 p_2，再利用二位三通换向阀 3 实现高、低压转换。

三、任务实施

对于图 11-9 所示碎料压实机的气动系统控制回路设计可采用图 11-13 所示的气动控制回路来完成。其工作原理请读者结合任务要求自行分析，此处不再详述。

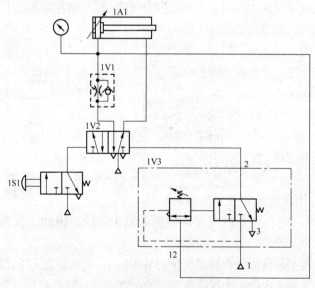

图 11-13　碎料压实机气动控制回路

 实训操作

1．根据任务说明绘制气动控制回路和电气控制回路。

2．按照气动控制回路和电气控制回路进行连接并检查。

3．连接无误后，打开气源，观察汽缸运行情况是否符合控制要求。

4．对实训中出现的问题进行分析和解决。

5．实训完成后，将各元件整理后放回原位。

项目小结

在本项目中，要了解各类压力控制阀的工作原理和应用，熟悉各压力控制阀的图形符号，掌握压力控制回路的特点、应用方法以及压力控制回路中各种元件的选用。

项目拓展

压力开关

压力顺序阀和压力开关都是根据所检测位置气压的大小来控制回路各执行元件动作的元件。压力顺序阀产生的输出信号为气压信号，用于气动控制；压力开关的输出信号为电信号，用于电气控制。某些气动设备或装置中，因结构限制而无法安装或难以安装位置传感器进行位置检测时，也可采用安装位置相对灵活的压力顺序阀或压力开关来代替。这是因为在空载或轻载时汽缸工作压力较低，运动到位活塞停止时压力才会上升，使压力顺序阀或压力开关产生输出信号。这时它们所起的作用就相当于位置传感器。压力开关是一种当输入压力达到设定值时，电气触点接通，发出电信号，输入压力低于设定值时，电气触点断开的元件。压力开关常用于需要进行压力控制和保护的场合。这种利用气压信号来接通和断开电路的装置也称为气电转换器，气电转换器的输入信号是气压信号，输出信号是电信号。应当注意的是，让压力开关触点吸合的压力值一般高于让触点释放的压力值。

在图11-14（a）所示的压力开关工作原理中可以看到，当X口的气压力达到一定值时，即可推动阀芯克服弹簧力右移，而使电气触点1、2断开，1、4闭合导通。当压力下降到一定值时，则阀芯在弹簧力作用下左移，电气触点复位。给定压力同样可以通过调节旋钮设定。

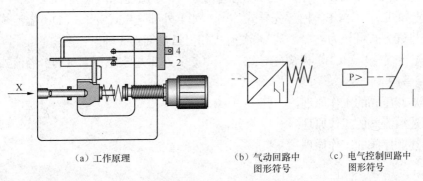

（a）工作原理　　　（b）气动回路中　　　（c）电气控制回路中
　　　　　　　　　　图形符号　　　　　　图形符号

图11-14　压力开关

对于图 11-9 所示的碎料压实机，气动控制回路也可采用压力开关代替压力顺序阀，由图

11-15 所示的电气控制回路来完成。

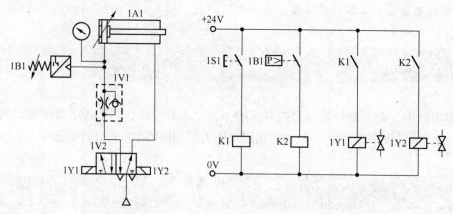

图 11-15 碎料压实机的电气控制回路

练习题

一、填空题

1. 压力控制主要指的是_____、_____气动系统中压缩空气的_____，以满足系统对压力的要求。

2. 根据阀的控制作用不同，压力控制阀可以分为_____、_____和_____。

3. 在气动控制系统中，压力控制回路主要有_____和_____两种。

二、判断题（正确的在括号内画"√"，错误的在括号内画"×"）

1. 顺序阀常与单向阀组合使用，称为单向顺序阀。　　　　　　　　　　　（　　　）

2. 汽缸所产生的输出力反比于汽缸的缸径和工作压力。　　　　　　　　　（　　　）

3. 压力控制回路是对系统压力进行调节和控制的回路。　　　　　　　　　（　　　）

三、选择题

1. 按压力调节方式分，有直动式减压阀和（　　　）减压阀两大类。

（A）先导式　　　（B）内部先导式　　　（C）外部先导式　　　（D）溢流式

2. 按排气方式可分为（　　　）、非溢流式和恒量排气式 3 种。

（A）先导式　　　（B）内部先导式　　　（C）外部先导式　　　（D）溢流式

四、简答题

1. 简述减压阀的工作原理。

2. 简述溢流阀的工作原理。

3. 简述顺序阀的工作原理。

項目十二

使用流量控制阀及速度控制回路

知识要点
◉ 流量控制阀的种类和应用。
◉ 梭阀、延时阀的工作原理。
◉ 节流回路的特点和选用。

技能要点
◉ 熟悉各控制阀的图形符号。

如图 12-1 所示，利用一个汽缸将从下方传送装置送来的工件抬升到上方的传送装置用于进一步加工。汽缸活塞杆伸出要求利用一个按钮来控制；活塞的缩回则要求在其伸出到位后自动实现。为避免活塞运动速度过高产生的冲击对工件和设备造成机械损害，要求汽缸活塞运动速度应可以调节。试完成该装置的气动系统控制回路设计。为完成这一任务，本项目主要介绍流量控制阀的种类及其工作原理和应用，以及速度控制回路的分析方法。

一、任务分析

在这个项目中，汽缸活塞杆伸出时，不存在压力检测等特殊要求，所以可以采用排气节流进行调速。汽缸活塞回缩时，安装支架的重量和本身自重方向与活塞运动方向相同，即为负值负载，所以应采用排气节流进行调速。这需要对流量控制阀的控制方法、图形符号等有一个全面的了解，并了解节流控制回路的特点。

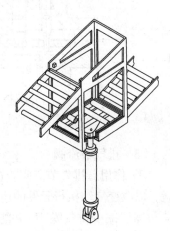

图 12-1 工件抬升装置

二、相关知识

1. 流量控制阀

流量控制阀是通过改变阀的流通面积来实现流量控制的元件。流量控制阀包括节流阀、单向节流阀、排气节流阀等。

（1）节流阀

① 作用。节流阀是通过改变阀的流通面积来调节流量的，用于控制汽缸的运动速度。

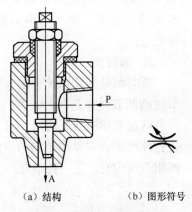

（a）结构　　　　（b）图形符号

图 12-2 节流阀的结构及图形符号

② 工作原理。在节流阀中，针形阀芯用得比较普遍，如图 12-2 所示。压缩空气由 P 口进入，经过节流口，由 A 口流出。旋转阀芯螺杆，就可改变节流口开度，从而调节压缩空气的流量。此种节流阀结构简单，体积小，应用范围较广。

（2）单向节流阀

① 作用。单向节流阀是由单向阀和节流阀组合而成的流量控制阀，常用于汽缸的速度控制，又称速度控制阀。

② 工作原理。图 12-3（a）所示为单向节流阀的工作原理。当气流沿着一个方向，由 P→A 流动时，经过节流阀节流[见图 12-3（b）]；反方向流动时，由 A→P 流动，单向阀打开，不节流[见图 12-3（c）]。单向节流阀常用于汽缸的调速和延时回路中，使用时应尽可能直接安装在汽缸上。

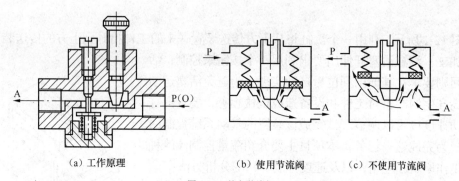

（a）工作原理　　　　　（b）使用节流阀　　　　　（c）不使用节流阀

图 12-3　单向节流阀

（3）排气节流阀

① 作用。排气节流阀装在排气口，调节排入大气的流量，以改变气动执行元件的运动速度。排气节流阀常带有消声器以减少排气噪声，并能防止环境中的粉尘通过排气口污染元件。图 12-4 所示为排气节流阀。

② 原理。排气节流阀的工作原理和节流阀相似，靠调节节流口处的流通面积来调节排气流量，由消声套 7 减少排气噪声。排气消声节流阀只能安装在元件的排气口处。

2. 延时阀

延时阀是气动系统中的一种时间控制元件，它是通过节流阀调节气室充气时压力上升速率来实现延时的。延时阀有常通型和常断型两种，图 12-5 所示为常断型延时阀的工作原理图，它是由单向节流阀、储气室和二位三通换向阀组合而成的，是一种组合阀。

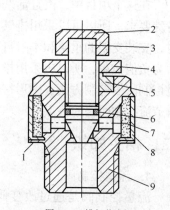

图 12-4　排气节流阀

1—衬垫；2—调节手轮；3—节流阀芯；
4—锁紧螺母；5—导向套；6—O 形圈；
7—消声套；8—盖；9—阀体

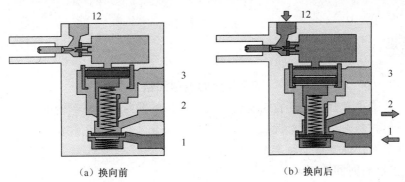

（a）换向前　　　　　　　　　（b）换向后

图 12-5　延时阀的工作原理

3. 梭阀

梭阀相当于两个单向阀的组合阀，如图 12-6 所示。梭阀有两个输入口 1（3）和一个输出口 2。当两个输入口中任何一个有输入信号时，输出口就有输出，从而实现了逻辑"或"门的功能。当两个输入信号压力不等时，梭阀则输出压力高的一个。

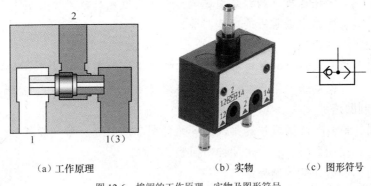

（a）工作原理　　　　　　　（b）实物　　　　（c）图形符号

图 12-6　梭阀的工作原理、实物及图形符号

三、任务实施

对图 12-1 所示的工件抬升装置的气动控制回路设计，可采用图 12-7 所示的气动控制回路来完成。工作原理请自行分析，在此不再详述。

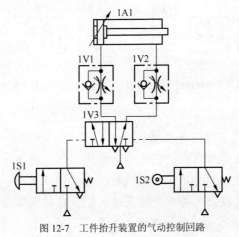

图 12-7　工件抬升装置的气动控制回路

知识链接

速度与时间控制回路

气压传动系统中汽缸的速度控制是指对汽缸活塞从开始运动到到达其行程终点的平均速度的控制。时间控制则指的是对汽缸在其终点位置停留时间的控制和调节。它们常被用来控制汽缸动作的节奏，调整整个动作循环的周期。

1. 速度控制与时间控制

（1）速度控制

在很多气动设备或气动装置中执行元件的运动速度都应是可调节的。汽缸工作时，影响其活塞运动速度的因素有工作压力、缸径和汽缸所连气路的最小截面积。通过选择小通径的控制阀或安装节流阀可以降低汽缸活塞的运动速度。通过增加管路的流通截面或使用大通径的控制阀以及采用快速排气阀等方法都可以在一定程度上提高汽缸活塞的运动速度。

其中使用节流阀和快速排气阀都是通过调节进入汽缸或汽缸排出的空气流量来实现速度控制的，这也是气动回路中最常用的速度调节方式。

（2）时间控制

如果采用电气控制通过时间继电器就可以非常方便地实现气动执行元件在其终端位置停留时间的控制和调节，如果采用气动控制则需要通过专门的延时阀来实现。

2. 速度控制回路

采用节流阀、单向节流阀或快速排气阀等元件调节汽缸进、排气管路流量，控制汽缸速度的回路，称为速度控制回路。

速度控制回路

（1）单作用汽缸的速度控制回路

图 12-8 所示为单作用汽缸的速度控制回路。其中，图 12-8（a）所示为利用两个单向节流阀控制活塞杆伸出和返回速度；图 12-8（b）所示为利用一个单向节流阀和一个快速排气阀串联来控制活塞杆的慢速伸出和快速返回。

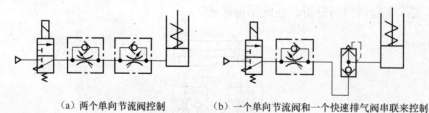

（a）两个单向节流阀控制　　　（b）一个单向节流阀和一个快速排气阀串联来控制

图 12-8　单作用汽缸的速度控制回路

（2）双作用汽缸的进气节流调速回路

图 12-9（a）所示为双作用汽缸的进气节流调速回路。在进气节流时，汽缸排气腔压力很快降至大气压，而进气腔压力的升高比排气腔压力的降低缓慢，该回路运动平稳性较差。图 12-9（b）所示为双作用汽缸的排气节流调速回路。在排气节流时，排气腔内建立与负载相适应的背压，在负载保持不变或微小变动的条件下，运动比较平稳。图 12-9（c）所示为

双作用汽缸采用排气节流阀的调速回路。图 12-9（d）所示为采用单向节流阀和快速排气阀构成的调速回路。

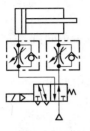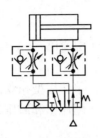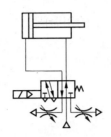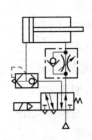

（a）双作用汽缸的　　　（b）双作用汽缸的　　　（c）双作用汽缸采用　　　（d）采用单向节流阀和快
进气节流调速回路　　　排气节流调速回路　　　排气节流阀的调速回路　　　速排气阀构成的调速回路

图 12-9　双作用汽缸的速度控制

 实训操作

1．根据任务说明完成气动控制回路图。
2．按照气动控制回路图进行连接并检查。
3．连接无误后，打开气源，观察汽缸运行情况是否符合控制要求。
4．掌握单向节流阀的两种不同安装方式以及调节方法。
5．对实训中出现的问题进行分析和解决。
6．实训完成后，将各元件整理后放回原位。

项目小结

在本项目中，要掌握流量控制阀的种类、工作原理和应用，了解梭阀、延时阀的工作原理以及节流回路的特点和选用，熟悉各控制阀的图形符号。

练习题

一、填空题
1. 通过改变阀的流通面积来调节流量的是_____。
2. 流量控制阀包括_____、_____、_____等。
3. 单向节流阀是由_____和_____组合而成的流量控制阀，常用于汽缸的_____控制，又称_____阀。
二、判断题（正确的在括号内画"√"，错误的在括号内画"×"）
1. 节流阀是通过改变阀的流通速度来调节流量的。　　　　　　　　　　　　（　　）

2. 排气节流阀是靠调节节流口处的流通面积来调节排气流量的。　　　　（　　）

3. 单作用汽缸速度控制回路是利用两个单向节流阀控制活塞杆伸出和返回速度。（　　）

三、选择题

1. 梭阀相当于两个（　　）的组合阀。

（A）节流阀　　　　　　　（B）排气阀　　　　（C）溢流阀　　　　（D）单向阀

2. 延时阀有（　　）两种。

（A）常通型和常断型　　　　　　　　　　（B）单作用型和双作用型

（C）进气型和排气型　　　　　　　　　　（D）增压型和减压型

四、简答题

1. 简述流量控制阀的种类、工作原理和应用。

2. 简述梭阀、延时阀的工作原理。

3. 简述节流回路的特点和选用方法。

项目十三

认识其他典型气动控制元件及回路

本项目主要介绍完成门开关控制装置所需的有关气动元件及回路的相关内容。

任务一　认识逻辑元件及逻辑控制回路

知识要点
- 逻辑元件的种类及特点。
- 逻辑控制回路。
- 其他典型回路。

技能要点
- 熟悉各控制元件的图形符号。
- 能对典型回路进行分析。

图 13-1 所示的门开关控制装置，利用一个汽缸对门进行开关控制。汽缸活塞杆伸出，门打开；活塞杆缩回，门关闭。门内侧的开门按钮和关门按钮分别为 1S1 和 1S2；门外侧的开门按钮和关门按钮分别为 1S3 和 1S4。1S1、1S3 任一按钮按下，都能控制门打开；1S2、1S4 任一按钮按下，都能让门关闭。试完成该装置的气动系统回路设计。

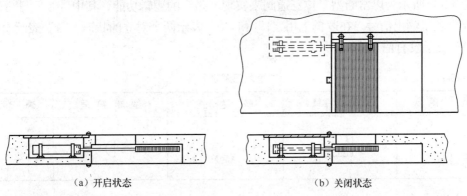

（a）开启状态　　　　　　　　　　　　　（b）关闭状态

图 13-1　门开关控制装置

一、任务分析

从该装置的工作要求可以看出，需要回路做出一定的分析及判断，来确定汽缸活塞杆是否伸出。这种根据条件能进行判断的回路称为逻辑回路。在气动系统中，如果有多个输入条件来控制汽缸的动作，就需要通过逻辑控制回路来处理这些信号间的逻辑关系，实现执行元件的正确动作。要完成这种回路的设计，必须掌握气动基本逻辑元件的相关知识。

二、相关知识

1. 逻辑元件的种类及特点

① 定义：气动逻辑元件是指在控制回路中能实现一定的逻辑功能的元器件，它一般属于开关元件。

② 特点：逻辑元件抗污染能力强，对气源净化要求低，通常元件在完成动作后具有关断能力，所以耗气量小。

③ 组成：逻辑元件主要由两部分组成，一是开关部分，其功能是改变气体流动的通断；二是控制部分，其功能是当控制信号状态改变时，使开关部分完成一定的动作。

④ 种类：气动逻辑元件的种类较多，按逻辑功能可以分为"是"门元件、"非"门元件、"或"门元件、"与"门元件、"禁"门元件和"双稳"元件。

2. 基本逻辑元件

在逻辑判断中最基本的是"是"门、"非"门、"或"门、"与"门，在气动逻辑控制的基本元件中，最基本的逻辑元件也就是与之相对应的具有这 4 种逻辑功能的阀。

"是"门和"与"门元件的工作原理

"或"门元件的工作原理

（1）"是"门元件

"是"的逻辑含义就是只要有控制信号输入，就有信号输出；反之亦然。在气动控制系统中就是指只要有控制信号就有压缩空气输出，没有控制信号就没有压缩空气输出。

表 13-1 所示为以常断型二位三通阀来实现"是"的逻辑功能，其中，"A"表示控制信号，"Y"表示输出信号。在逻辑上用"1"和"0"表示两个对立的状态，"1"表示有信号输出，"0"表示没有信号输出。

表 13-1　　　　　　　　　　　　　　"是"门逻辑元件

名　称	阀职能符号	表 达 式	逻 辑 符 号	真 值 表	
"是"门元件		$Y=A$		A	Y
				1	1
				0	0

（2）"非"门元件

"非"的逻辑含义与"是"相反，就是当有控制信号输入时，没有压缩空气输出；当没有控制信号输入时，有压缩空气输出。

表 13-2 中的"非"门元件是常通型二位三通阀，当有控制信号 A 时，阀左位接入系统，就没有信号 Y 输出；当没有控制信号 A 时，在弹簧力的作用下，阀右位接入系统，有信号输出。

表 13-2　　　　　　　　　　　　　　　　"非"门逻辑元件

名　　称	阀职能符号	表 达 式	逻 辑 符 号	真 值 表	
"非"门元件		$Y=\bar{A}$	A ▷ Y	A	Y
				1	0
				0	1

（3）"与"门元件

"与"门元件有两个输入控制信号和一个输出信号，它的逻辑含义是只有两个控制信号同时输入时，才有信号输出。

在表 13-3 中，"与"的逻辑功能在气动控制中用双压阀来实现。

表 13-3　　　　　　　　　　　　　　　　"与"门逻辑元件

名　　称	阀职能符号	表 达 式	逻 辑 符 号	真 值 表		
"与"门元件		$Y=A{\cdot}B$	A ⌐ Y B	A	B	Y
				0	0	0
				1	0	0
				0	1	0
				1	1	1

双压阀如图 13-2 所示，双压阀有两个输入口 1（3）和一个输出口 2。只有当两个输入口都有输入信号时，输出口才有输出，从而实现了逻辑"与"门的功能。当两个输入信号压力不等时，则输出压力相对低的一个，因此它还有选择压力的作用。气动控制回路中的逻辑"与"除了可以用双压阀实现外，还可以通过输入信号的串联实现。

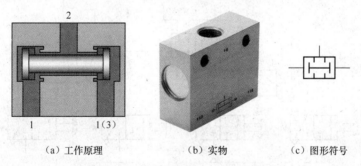

（a）工作原理　　　　　　　　（b）实物　　　　　　　（c）图形符号

图 13-2　双压阀的工作原理、实物及图形符号

（4）"或"门元件

"或"门元件也有两个输入信号和一个输出信号。它的逻辑含义是只要有任何一个控制信号输入时，就有信号输出。

在表 13-4 中，"或"的逻辑功能在气动控制中用梭阀（见项目十二）来实现，当它控制 A 口或 B 口一端有压缩空气输入时，Y 就有压缩空气输出；A 口或 B 口都有压缩空气输入时，也有压缩空气输出。

表 13-4 "或"门逻辑元件

名　称	阀职能符号	表　达　式	逻辑符号	真　值　表		
				A	B	Y
				0	0	0
"或"门元件		Y=A+B		1	0	1
				0	1	1
				1	1	1

三、任务实施

对于图 13-1 所示门开关控制装置的气动系统控制回路设计，可采用图 13-3 所示的气动控制回路来完成。

该任务中，门内外的两个开门按钮 1S1 和 1S3，都能让汽缸活塞杆伸出，它们是逻辑"或"的关系；门内外的两个关门按钮 1S2 和 1S4，都能让汽缸活塞杆缩回，它们也是逻辑"或"的关系。

为了降低门的开关速度，回路应采用单向节流阀进行调节。

该回路的具体工作原理请读者自行分析，在此不再详述。

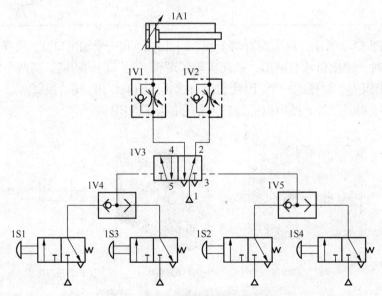

图 13-3　门开关控制装置的气动控制回路

 实训操作

1. 根据任务控制要求正确选择气动元件。
2. 按照图 13-3 所示连接并检查气动控制回路。
3. 连接正确后，打开气源和电源，观察汽缸运行情况是否符合控制要求。
4. 实训完成后，将各元件整理放回原位。

任务二 认识其他典型气动回路

知识要点
◉ 认识安全保护回路、计数回路、延时回路。

技能要点
◉ 能对典型回路进行分析。

图 13-4 所示的板材成形装置，利用一个汽缸对塑料板材进行成形加工。汽缸活塞杆在两个按钮 1S1、1S2 同时按下后伸出，带动曲柄连杆机构对塑料板材进行压制成形。加工完毕后，通过另一个按钮 1S3 让汽缸活塞杆回缩。在汽缸工作时，如何保证操作者的人身安全呢？试完成该装置的气动系统回路设计。

一、任务分析

在本任务中汽缸活塞只有在两个按钮全部按下时才会伸出，从而保证双手在汽缸伸出时不会因操作不当受到伤害。这种双手操作回路是一种很常见的安全保护回路。在气动设备中，为了保护操作者的人身安全和设备的正常运转，常采用安全保护回路。

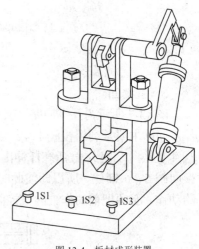

图 13-4 板材成形装置

二、相关知识

1. 过载保护回路

图 13-5 所示为过载保护回路。操纵手动换向阀 1 使主控阀（二位五通换向阀）2 处于左位时，汽缸活塞杆伸出，当汽缸活塞杆在伸出途中遇到障碍使汽缸过载，左腔压力升高超过预定值时，顺序阀 3 打开，控制气体可经梭阀 4 将主控阀 2 切换至右位（图示位置），使活塞缩回，汽缸左腔的压力经阀 2 排掉，防止系统过载。

2. 双手操作回路

用两个二位三通阀 1 和 2 串联的与门逻辑回路，就构成了一个最常用的双手操作回路，如图 13-6（a）所示，二位三通阀可以是手动阀或者脚踏阀。可以看出，只有当双手同时按下二位三通阀时，主控阀 3 才能换位，而只按下其中一只二位三通阀时主控阀 3 不切换，从而保证了只有用两只

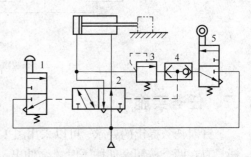

图 13-5 过载保护回路
1、5—手动换向阀；2—主控阀（二位五通换向阀）；
3—顺序阀；4—梭阀

手操作才是安全的。

也可采用双压阀实现，如图 13-6（b）所示，其工作原理请自行分析。

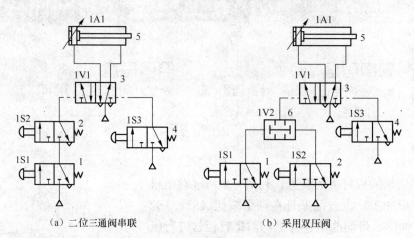

（a）二位三通阀串联   （b）采用双压阀

图 13-6　双手操作回路

1、2、4—二位三通阀；3—主控阀；5—汽缸；6—双压阀

3. 互锁回路

图 13-7 所示为互锁回路。该回路主要是防止各缸的活塞同时动作，保证只有一个活塞动作。回路主要是利用梭阀 1、2、3 及换向阀 4、5、6 进行互锁。如换向阀 7 被切换，则换向阀 4 也换向，使 A 缸活塞杆伸出。与此同时，A 缸的进气管路的气体使梭阀 1、3 动作，把换向阀 5、6 锁住。所以即使此时换向阀 8、9 有信号，B、C 缸也不会动作。如果要改变缸的动作，必须把前动作缸的气控阀复位。

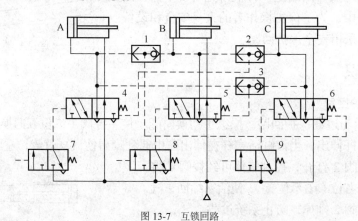

图 13-7　互锁回路

1、2、3—梭阀；4、5、6、7、8、9—换向阀

三、任务实施

针对任务提出的要求，可以采用图 13-6 所示的两个气动回路中的任意一个，使汽缸活塞杆只在两个按钮全部按下时才会伸出，从而保证操作者双手在汽缸活塞杆伸出时不会因误操作而受到伤害。

知识链接

1. 计数回路

图 13-8 所示为二进制计数回路。图示状态是 S_0 输出状态。当按下手动阀 1 后，阀 2 产生一个脉冲信号经阀 3 输入给阀 3 和阀 4 右侧，阀 3、阀 4 均换向至右位，S_1 有输出。脉冲信号消失，阀 3、阀 4 两侧的压缩空气全部经阀 2、阀 1 排出。当放开阀 1 时，阀 2 左腔压缩空气经单向阀迅速排出，阀 2 在弹簧作用下复位。当第 2 次按动阀 1 时，阀 2 又出现一次脉冲，阀 3、阀 4 都换向至左位，S_0 有输出。阀 1 每按两次，S_0（或 S_1）就有一次输出，故此回路为二进制计数回路。

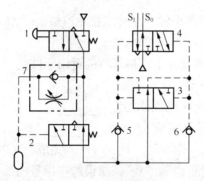

图 13-8　二进制计数回路

1—手动换向阀；2—单气控阀；3—双气控阀；4—二位五通气控换向阀；5、6—单向阀；7—单向节流阀

2. 延时回路

在图 13-9（a）所示的气动控制延时回路中，阀 4 输入气控信号后换向，压缩空气经单向节流阀 3 向储气罐 2 缓慢充气，经一定时间 t 后，充气压力达到设定值，使阀 1 换向，输出压缩空气。改变阀 3 的节流口开度即可调整延时时间长短。

在图 13-9（b）所示的手动控制延时回路中，按下阀 8 后，阀 7 换位，活塞杆伸出，行至将行程阀 5 压下，系统经节流阀缓慢向储气罐 6 充气，延迟一定时间后，达到设定压力值，阀 7 才能复位，使活塞杆返回。

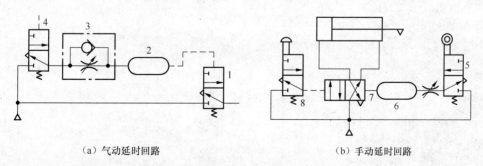

（a）气动延时回路　　　　　　　　　　（b）手动延时回路

图 13-9　延时回路

1—换向阀；2、6—储气罐；3—单向节流阀；4、7—气控换向阀；5—行程阀；8—手动换向阀

项目小结

在本项目中，要了解常见逻辑元件的种类及特点、熟悉各控制元件的图形符号，熟悉各种逻辑控制回路以及其他典型回路的分析方法。

练习题

一、填空题

1. 在气动系统中，如果有多个输入条件来控制汽缸的动作，就需要通过_____回路来处理这些信号间的逻辑关系。

2. 在气动逻辑控制的基本元件中，最基本的逻辑元件是_____、_____、"与"门和_____4种逻辑。

3. 根据条件能进行判断的回路都称之为_____。

4. 逻辑元件主要由两部分组成：一是_____，其功能是_____；二是_____，其功能是_____改变时，使_____完成一定的动作。

二、判断题（正确的在括号内画"√"，错误的在括号内画"×"）

1. "与"的逻辑含义就是只要有控制信号输入，就有信号输出；反之亦然。　　（　　）

2. "或"门元件有两个输入信号和一个输出信号。　　（　　）

三、选择题

"与"的逻辑功能在气动控制中用_____来实现。

（A）梭阀　　　　（B）双压阀　　　（C）常断型3/2阀　　　（D）常通型3/2阀

四、简答题

1. 简述逻辑元件的种类及特点。

2. 画出基本逻辑元件对应气动逻辑阀的图形符号。

项目十四

综合分析气压传动系统

综合上述各项目所学的知识和所解决的问题，在实际应用过程中，还需要将所学知识点进行消化吸收，要学会综合运用所学知识解决实际问题。本项目介绍两个气压传动系统的实例并进行综合分析。

任务一　分析气动钻床的气压传动系统

知识要点
◉ 阅读气动系统图的方法。

技能要点
◉ 能对气动钻床的气压传动系统进行分析。

专用气动钻床如图 14-1 所示。它利用一个双作用汽缸对零件进行夹紧，并利用另一个双作用汽缸实现钻头的进给。其工作过程为：放上零件后启动，汽缸 1A 活塞杆伸出，夹紧零件；汽缸 2A 活塞杆伸出，对零件进行钻孔；钻孔结束后，汽缸 2A 活塞杆缩回；汽缸 1A 活塞杆缩回，松开零件。试根据该系统的工作要求及控制回路对该系统进行分析。

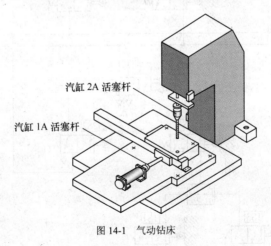

汽缸 2A 活塞杆

汽缸 1A 活塞杆

图 14-1　气动钻床

一、任务分析

在对气动钻床的气压控制回路系统进行分析时，必须对气动钻床的气压控制回路图有一个较好的了解，并能掌握各个元器件的作用和原理，分析出各个元器件的初始位置及其在系统中的作用。

二、相关知识

气动系统的分析要求如下。

① 在分析气动系统图时应当仔细研究各元器件之间的联系，掌握各个元器件的性能和在系统中的作用。

② 分析系统图时，要弄清各个元器件的初始状态以及压缩空气的控制路线。

③ 在分析系统时，还必须对系统的控制要求提出一定的意见，并能对一些元器件进行代用和替换。

④ 分析系统后，可以提出一些对系统进行完善、改进的合理的建议和方案。

三、任务实施

1. 气动控制钻床的气动控制回路

图 14-2 所示为气动钻床的气压控制回路，其中行程阀 1S4 用于检测零件是否已经放好。

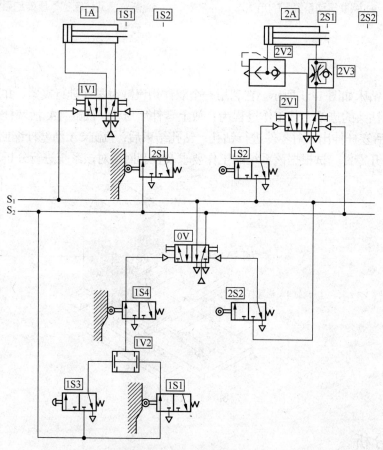

图 14-2　气动钻床的气压控制回路

在这个回路中，排除障碍信号采用了一种新的方法——分组供气法。

2. 分组供气法的特点

① 利用分组供气法排除障碍信号，关键是要把程序中所有行程阀按照一定规律进行分组，并且在任何时刻只对其中一组供气。这样，只要保证任何主控阀两侧的原始信号不在同一组，就能将障碍信号排除。

② 利用分组供气的方法，在分组较少时，回路设计比较直接快捷，但在分组较多时，回路会很复杂。

③ 对汽缸动作程序进行分组时，应保证每个汽缸的动作在每组中只出现一次。在这个气动回路中，根据工作过程动作程序可分为两组：缸 1A 活塞杆伸出、缸 2A 活塞杆伸出为第一组；缸 2A 活塞杆缩回、缸 1A 活塞杆缩回为第二组。对应每组中汽缸活塞杆动作到位的行程阀信号 1S2、2S2 为第一组，2S1 和 1S1 为第二组。

④ 该分组供气回路由具有记忆功能的双气控换向阀 0V 来实现换组。换组信号是每组最后一个动作完成时发出的行程阀信号，即第一组最后一步动作缸 2A 活塞杆伸出的完成信号 2S2，第二组最后一步动作缸 1A 活塞杆缩回的完成信号 1S1。所以当 2S2 发出信号时，换向阀 0V 切换到右位，使 S2 供气线路能够给第二组的两个行程阀 2S1 和 1S1 供气；当 1S1 发出信号并且零件已经放好（1S4）且按下了启动按钮（1S3）时，则换向阀 0V 切换至左位，使 S1 供气线路可以给第一组的两个行程阀 1S2、2S2 供气。

实训操作

1．根据图 14-2 所示的气动钻床的气压控制回路，找出其中所需的元件。

2．在实训台上合理布局，连接出正确的控制系统并进行运动状态分析和检验。

3．根据系统回路完善的要求，对图 14-2 所示的回路进行优化、完善，并画出新的回路图。

4．对所完善的回路进行状态分析并在操作实训台上进行连接检验。

任务二　分析零件使用寿命检测装置气压传动系统

知识要点
● 识读系统所用元件。

技能要点
● 了解分析零件使用寿命检测装置气压传动系统。

图 14-3 所示的零件使用寿命检测装置是利用双作用汽缸活塞杆的伸缩运动带动一个零件长时间翻转以测试该零件的使用寿命。汽缸活塞的运动由 3 个按钮控制：第一个按钮控制活塞在一段时间内做连续往复运动；第二个按钮可以使连续往复运动随时停止；第三个按钮可以控制活塞做单往复运动。试根据该系统的工作要求及控制回路对该系统进行分析。

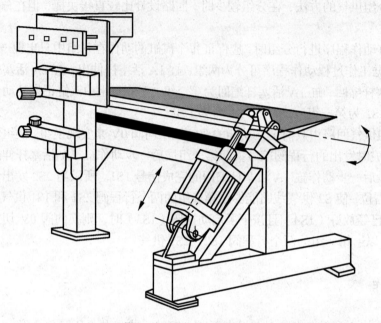

图 14-3　零件使用寿命检测装置

一、任务分析

在对零件使用寿命检测装置的气压控制回路系统进行分析时，必须对零件使用寿命检测装置的气压控制回路图有一个较好的了解，并能掌握各个元器件的作用和原理，分析出各个元器件的初始位置与在系统中的作用。

二、任务实施

图 14-4 所示为该检测装置的气动控制回路。

在图中按钮 1S3 用于控制汽缸活塞做单往复运动。按钮 1S4 用于控制汽缸活塞在一段时间内做连续往复运动。按下 1S4 使 1V2 换向产生输出，启动延时阀 1V5 计时同时汽缸活塞开始做连续往复运动，到达延时阀设定时间后切断双气控换向阀 1V2 的输出，使汽缸活塞的连续运动停止。或者在任何时候按下按钮 1S5 都能切断 1V2 的输出，让汽缸的往复运动停止。汽缸活塞杆的回缩是由两个控制信号 1S2、1S6 共同控制的。1S2 是行程阀信号，是在汽缸活塞杆伸出到位时产生的输出信号；另一个信号 1S6，它只有在汽缸活塞杆伸出时才有输出信号。将这两个信号通过双压阀进行逻辑"与"处理来控制汽缸活塞杆缩回，可以有效避免一旦 1S2 错误发出信号造成的汽缸活塞误动作。

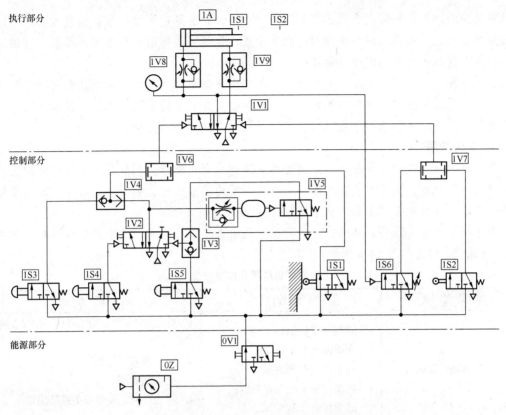

图 14-4　零件使用寿命检测装置的气压控制回路

 实训操作

1．根据图 14-4 所示零件使用寿命检测装置的气压控制回路，找出其中所需的元件。
2．在实训台上合理布局，连接出正确的控制系统并进行运动状态分析和检验。
3．根据系统回路完善的要求，对图 14-4 所示的回路进行优化、完善，并画出新的回路图。
4．对所完善的回路进行状态分析并在操作实训台上进行连接检验。

 知识链接

气动系统故障分类

由于故障发生的时期不同，故障的内容和原因也不同。因此，可将故障分为初期故障、突发故障和老化故障。

1．初期故障

在调试阶段和开始运转的两三个月内发生的故障称为初期故障。其产生原因主要有零件毛刺没有清除干净，装配不合理或误差较大，零件制造误差或设计不当。

2．突发故障

系统在稳定运行时期内突然发生的故障称为突发故障。例如，油杯和水杯都是用聚碳酸酯材料制成的，如果它们在有机溶剂的雾气中工作，就有可能突然破裂；空气或管路中，残留的杂质混入元件内部，突然使相对运动件卡死；弹簧突然折断；软管突然爆裂、电磁线圈突然烧毁；突然停电造成回路误动作等。

有些突发故障是有先兆的，如排出的空气中出现杂质和水分，表明过滤器失效，应及时查明原因，予以排除，不要酿成突发故障。但有些突发故障是无法预测的，只能采取安全保护措施加以防范，或准备一些易损备件，以便及时更换失效的元件。

3. 老化故障

个别或少数元件达到使用寿命后发生的故障称为老化故障。参照系统中各元件的生产日期、开始使用日期、使用的频繁程度以及已经出现的某些征兆，如声音反常、泄漏越来越严重等，可以大致预测老化故障的发生期限。

为了便于分析故障的真实原因，列表说明气动系统中一些元件的常见故障及排除方法，如表14-1、表14-2和表14-3所示。

表 14-1 汽缸常见故障及排除方法

常见故障		原因分析	排除方法
外泄漏	活塞杆端漏气	1. 活塞杆安装偏心 2. 润滑油供油不足 3. 活塞杆密封圈磨损 4. 活塞杆轴承配合有杂质 5. 活塞杆有伤痕	1. 重新安装调整，使活塞杆不受偏心横向负荷影响 2. 检查油雾器是否失灵 3. 更换密封圈 4. 除去杂质，安装或更换防尘罩 5. 更换活塞杆
	缸筒与缸盖间漏气	密封圈损坏	更换密封圈
	缓冲调节处漏气	密封圈损坏	更换密封圈
内泄漏	活塞两端串气	1. 活塞密封圈损坏 2. 润滑不良 3. 活塞被卡住、活塞配合面有缺陷 4. 有杂质挤入密封面	1. 更换密封圈 2. 检查油雾器是否失灵 3. 重新安装调整，使活塞杆不受偏心横向负荷影响 4. 除去杂质，采用净化压缩空气
输出力不足 动作不平稳		1. 润滑不良 2. 活塞或活塞杆卡住 3. 供气流量不足 4. 有冷凝水杂质	1. 检查油雾器是否失灵 2. 重新安装调整，消除偏心横向负荷 3. 增大连接管径及管接头口径 4. 注意采用净化、干燥的压缩空气，防止水凝结
缓冲效果不良		1. 缓冲密封圈磨损 2. 调节螺钉损坏 3. 汽缸速度太快	1. 更换密封圈 2. 更换调节螺钉 3. 注意缓冲机构是否合适
损伤	活塞杆损坏	1. 有偏心横向负荷 2. 活塞杆受冲击负荷 3. 汽缸速度太快	1. 消除偏心横向负荷 2. 冲击载荷不能加在活塞杆上 3. 设置缓冲装置
	缸盖损坏	缓冲机构不起作用	在外部回路中设置缓冲机构

表 14-2 调压阀常见故障及排除方法

常 见 故 障	原 因 分 析	排 除 方 法
平衡状态下,空气从溢流口溢出	1. 进气阀和回流阀座有尘埃 2. 阀杆顶端和溢流阀座之间密封漏气 3. 阀杆顶端和溢流阀之间研配质量不好 4. 膜片破裂	1. 取下清洗 2. 更换密封圈 3. 重新研配或更换 4. 更换膜片
压力调不高	1. 调压弹簧断裂 2. 膜片破裂 3. 膜片有效受压面积与调压弹簧设计不合理	1. 更换弹簧 2. 更换膜片 3. 重新加工设计
调压时压力爬行,升高缓慢	1. 过滤网堵塞 2. 下部密封圈阻力过大	1. 拆下清洗 2. 更换密封圈
出口压力发生激烈波动或不均匀变化	1. 阀杆或进气阀芯上的O形密封圈表面损伤 2. 进气阀芯与阀座之间导向接触不好	1. 更换O形密封圈 2. 整修或更换阀芯

表 14-3 方向阀常见故障及排除方法

常 见 故 障	原 因 分 析	排 除 方 法
方向阀不能换向	1. 润滑不良,滑动阻力和始动摩擦力大 2. 密封圈压缩量大或膨胀变形 3. 尘埃或油污等被卡在滑动部分或阀座上 4. 弹簧卡住或损坏 5. 控制活塞面积偏小,操作力不够	1. 改善润滑 2. 适当减小密封圈压缩量或更换密封圈 3. 清除尘埃或油污 4. 重新装配或更换弹簧 5. 增大活塞面积和操作力
方向阀泄漏	1. 密封圈压缩量过小或有损伤 2. 阀杆和阀座有损伤 3. 铸件有缩孔	1. 适当增大压缩量或更换受损坏密封件 2. 更换阀杆或阀座 3. 更换铸件
方向阀产生振动	1. 压力低 2. 电压低	1. 提高先导阀操作压力 2. 提高电源电压或改变线圈参数

项目小结

在本项目中,读者应着重掌握阅读气动系统图的方法,能对气动钻床的气压传动系统进行分析。

项目拓展

气动系统的使用与维护

在气动系统设备使用中,如果不注意维护保养工作,可能会频繁发生故障或元件过早损坏，装置的使用寿命就会大大降低，造成经济损失，因此必须给予足够的重视。在对气动装置进行维护保养时，要有针对性，及时发现问题，采取措施，这样可减少和防止大故障的发生，延长元件和系统的使用寿命。

要使气动设备能按预定的要求工作。维护工作必须做到：保证供给气动系统的压缩空气足够清洁干燥；保证气动系统的气密性良好；保证润滑元件得到良好的润滑；保证气动元件和系统的正常工作条件（如使用气压、电压等参数在规定范围内）。

维护工作可以分为日常性的维护工作和定期的维护工作。前者是指每天必须进行的维护工作，后者可以是每周、每月或每季度进行的维护工作。维护工作应记录在案，便于今后的故障诊断和处理。工厂企业应制订气动设备的维护保养管理规范，严格管理。

1. 气动系统使用注意事项

① 开机前后要放掉系统中的冷凝水。

② 定期给油雾器加油。

③ 随时注意压缩空气的清洁度，对空气过滤器的滤芯要定期清洗。

④ 开机前检查各旋钮是否在正确位置。对活塞杆、导轨等外露部分的配合表面进行擦拭后方能开车。

⑤ 熟悉元件调节和控制机构的操作特点，注意各元件调节旋钮的旋向与压力、流量大小变化的关系，气动设备长期不用，应将各旋钮放松，以免弹性元件失效而影响元件的性能。

2. 气动系统的日常性维护工作

日常维护工作的主要任务是冷凝水排放、润滑油检查和空气压缩机（空压机）系统的管理。

（1）冷凝水排放的管理

压缩空气中的冷凝水会使管道和元件锈蚀，防止冷凝水侵入压缩空气的方法是及时排除系统各处积存的冷凝水。

冷凝水排放涉及空压机、后冷却器、储气罐、管道系统直到各处空气过滤器、干燥器、自动排水器等整个气动系统。在工作结束时，应当将各处冷凝水排放掉，以防夜间温度低于0℃，导致冷凝水结冰。由于夜间管道内温度下降，会进一步析出冷凝水，在每天设备运转前，也应将冷凝水排出。经常检查自动排水器、干燥器是否正常工作，定期清洗分水滤气器、自动排水器。

（2）系统润滑的管理

气动系统中从控制元件到执行元件凡有相对运动的表面都需要润滑。如果润滑不足，会使摩擦阻力增大，导致元件动作不良，因密封面磨损会引起泄漏。

在气动装置运转时，应检查油雾器的滴油量是否符合要求、油色是否正常。如发现油杯中油量没有减少，应及时调整滴油量；调节无效，需检修或更换油雾器。

（3）空压机系统的日常管理

应经常检查空压机是否有异常声音和异常发热、润滑油位是否正常、空压机系统中的水冷式后冷却器供给的冷却水是否足够。

3. 气动系统的定期维护工作

定期维护工作的主要内容是漏气检查和油雾器管理。

① 检查系统各泄漏处。因泄漏引起的压缩空气损失会造成很大的经济损失。此项检查至少应每月一次，任何存在泄漏的地方都应立即进行修补。漏气检查应在白天车间休息的空闲

时间或下班后进行。这时，气动装置已停止工作，车间内噪声小，但管道内还有一定的空气压力，根据漏气的声音便可知何处存在泄漏。检查漏气时还应采用在各检查点涂肥皂液的办法，因其显示漏气的结果比听声音更准确。

② 通过对方向阀排气口的检查，判断润滑油是否适度、空气中是否有冷凝水。如润滑不良，检查油雾器滴油是否正常、安装位置是否恰当；如有大量冷凝水排出，检查排除冷凝水的装置是否合适、过滤器的安装位置是否恰当。

③ 检查安全阀、紧急安全开关动作是否可靠。定期检修时必须确认它们的动作可靠性，以确保设备和人身安全。

④ 观察方向阀的动作是否可靠。检查阀芯或密封件是否磨损（如方向阀排气口关闭时仍有泄漏，往往是磨损的初期阶段），查明后更换。让电磁阀反复切换，从切换声音可判断阀的工作是否正常。

⑤ 反复开关换向阀观察汽缸动作，判断活塞密封是否良好；检查活塞杆外露部分，观察活塞杆是否被划伤、腐蚀和存在偏磨；判断活塞杆与端盖内的导向套、密封圈的接触情况，压缩空气的处理质量，汽缸是否存在横向载荷等；判断缸盖配合处是否有泄漏。

⑥ 对行程阀、行程开关以及行程挡块都要定期检查安装的牢固程度，以免出现动作混乱。

上述定期检修的结果应记录下来，作为系统出现故障查找原因和设备大修时的参考。

练习题

一、填空题

1. 专用气动钻床的结构利用一个_____对工件进行夹紧，并利用另一个_____实现钻头的进给。

2. 气动控制钻床的气动控制回路中，排除障碍信号采用的一种新的方法是_____。

3. 零件使用寿命检测装置是利用_____活塞杆的_____运动带动一个零件长时间翻转，以测试该零件的使用寿命。

二、判断题（正确的在括号内画"√"，错误的在括号内画"×"）

1. 利用分组供气的方法，在分组较少时，回路设计比较直接快捷，但在分组较多时，回路会很复杂。　　　　　　　　　　　　　　　　　　　　　　　　　（　　）

2. 气动系统使用时只需在开机前放掉系统中的冷凝水。　　　　　　　　（　　）

三、选择题

气动系统的定期维护工作主要是漏气检查和（　　　）。

（A）油雾器管理　　　　　　（B）系统润滑的管理

（C）安全阀检查　　　　　　（D）冷凝水排放的管理

四、简答题

1. 简述气动系统回路图的分析步骤。

2. 气动系统的日常维护工作的内容有哪些？

3. 气动系统常见故障种类有哪些？各有什么特点？

常用液压与气动图形符号
（摘录自 GB/T 786.1—2009）

表 A-1　　　　　　　　　　　　　　　　　基本符号

名　　称	符　　号	名　　称	符　　号
液压源	▶	压力计	
气压源	▷	液面计	
电动机	Ⓜ	温度计	
原动机	M	流量计	
压力继电器		行程开关	
报警器		气液转换器	

表 A-2　　　　　　　　　　　　　　　　　管路及其连接

名　　称	符　　号	名　　称	符　　号
工作管路	——	直接排气	
控制管路	------	带连接排气	
连接管路		带单向阀快换接头	
交叉管路		不带单向阀快换接头	
柔性管路		旋转接头	单通路　　三通路

表 A-3　　　　　　　　　　　　　　　　　控制方法

类　别	名　称	符　号	类　别	名　称	符　号
人力控制	按钮式		电气控制	单作用电磁装置	不可调　可调
	手柄式			双作用电磁装置	不可调　可调
	踏板式		压力控制	加压或卸压	
机械控制	顶杆式			内部压力	
	弹簧式	W		外部压力	
	滚轮式			差动式	2　　1

表 A-4　　　　　　　　　　　　　　　　　泵、马达和缸

名　称	符　号	名　称	符　号
定量液压泵	单向　双向	单作用弹簧复位缸	液压　气压
变量液压泵	单向　双向	双作用单活塞杆缸	
单向定量马达	液压马达　气马达	双作用双活塞杆缸	
双向定量马达	液压马达　气马达	单向缓冲缸	不可调　可调
单向变量马达	液压马达　气马达	双向缓冲缸	不可调　可调
双向变量马达	液压马达　气马达	单作用伸缩缸	
单向定量液压泵或马达		双作用伸缩缸	
摆动马达		增压器	

表 A-5　　　　　　　　　　　　　　　　　方向控制阀

名　称	符　号	名　称	符　号
单向阀		二位二通换向阀（手控）	
液控单向阀	弹簧可以省略	二位三通换向阀（电控）	
或门型梭阀		二位五通换向阀（液控）	
与门型梭阀		三位四通换向阀	
快速排气阀		三位五通换向阀	

表 A-6　　　　　　　　　　　　　　　　　压力控制阀

名　称	符　号	名　称	符　号
直动型减压阀		直动型溢流阀	
先导型减压阀		先导型溢流阀	
溢流减压阀		先导型比例电磁溢流阀	
定比减压阀（减压比 1∶3）		卸荷溢流阀	
定差减压阀		直动型顺序阀	
液控型卸荷阀		先导型顺序阀	
制动阀		单向顺序阀	

表 A-7　　　　　　　　　　　　　　　　　　流量控制阀

名　称	符　号	名　称	符　号
不可调节流阀		温度补偿调速阀	
可调节流阀		旁通型调速阀	
单向节流阀		单向调速阀	
消声节流阀		分流阀	
调速阀		集流阀	

表 A-8　　　　　　　　　　　　　　　　　　辅助元件

名　称	符　号	名　称	符　号
空气过滤器		蓄能器	
除油器		气罐	
空气干燥器		冷却器	
油雾器		加热器	
过滤器		消声器	

附录 B

液压控制阀型号说明

1. 中、低压液压控制阀型号说明

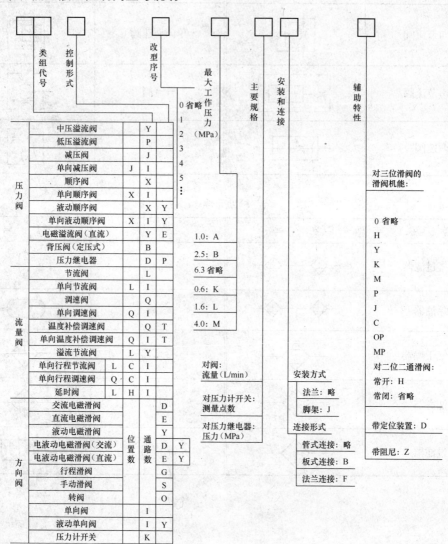

类组代号 / 控制形式 / 改型序号 / 最大工作压力（MPa）/ 主要规格 / 安装和连接 / 辅助特性

压力阀	中压溢流阀	Y	
	低压溢流阀	P	
	减压阀	J	
	单向减压阀	J I	
	顺序阀	X	
	单向顺序阀	X I	
	液动顺序阀	X Y	
	单向液动顺序阀	X I Y	
	电磁溢流阀（直流）	Y E	
	背压阀（定压式）	B	
	压力继电器	D P	
流量阀	节流阀	L	
	单向节流阀	L I	
	调速阀	Q	
	单向调速阀	Q I	
	温度补偿调速阀	Q T	
	单向温度补偿调速阀	Q I T	
	溢流节流阀	L Y	
	单向行程节流阀	L C I	
	单向行程调速阀	Q C I	
	延时阀	L H I	
方向阀	交流电磁滑阀	D	
	直流电磁滑阀	E	
	液动电磁滑阀	Y	
	电液动电磁滑阀（交流）	D Y	
	电液动电磁滑阀（直流）	E Y	
	行程滑阀	G	
	手动滑阀	S	
	转阀	O	
	单向阀	I	
	液动单向阀	I Y	
	压力计开关	K	

改型序号：
0 省略
1
2
3
4
5
……

最大工作压力（MPa）：
1.0：A
2.5：B
6.3 省略
0.6：K
1.6：L
4.0：M

主要规格：
对阀：
流量（L/min）
对压力计开关：
测量点数
对压力继电器：
压力（MPa）

安装和连接：
安装方式
法兰：略
脚架：J
连接形式
管式连接：略
板式连接：B
法兰连接：F

辅助特性：
对三位滑阀的
滑阀机能：
0 省略
H
Y
K
M
P
J
C
OP
MP
对二位二通滑阀：
常开：H
常闭：省略
带定位装置：D
带阻尼：Z

2. 中、高压液压控制阀型号说明

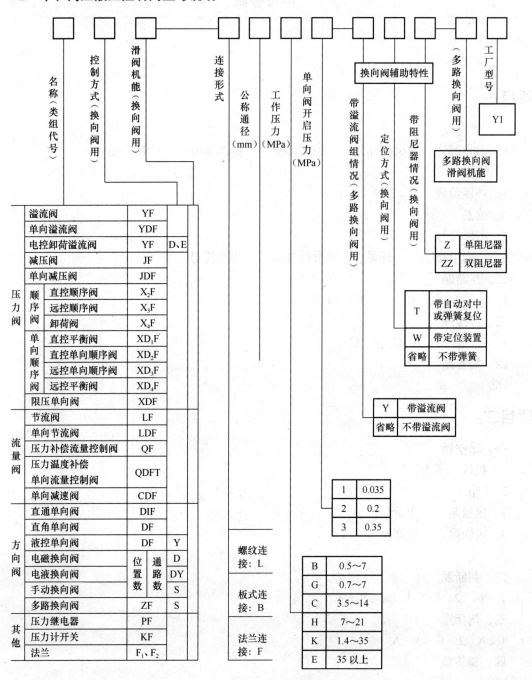

参考答案

项目一

一、填空题
1. 动力部分　　执行部分　　控制部分　　辅助部分　　传动介质
2. 能量
3. 外界负载
4. 越差　　越好
5. 图形符号
6. 结构示意图　　直观　　图形符号图　　图形符号

二、判断题
1. ×　2. √　3. ×　4. ×　5. √

三、选择题
1. C　2. B　3. C　4. C

四、简答题
（略）

项目二

一、填空题
1. 机械　　压力
2. （略）
3. 定量泵　　变量泵
4. 齿轮泵　　柱塞泵
5. （略）

二、判断题
1. √　2. √　3. ×　4. ×

三、选择题
1. A　2. C　3. A

四、简答题
（略）

项目三

一、填空题
1. 活塞式液压缸　　柱塞式液压缸　　摆动式液压缸　　单作用式　　双作用式

2. 压力　　机械

3. 往复直线运动或往复摆动　　回转

4.（略）

5. 体积　　m³/s

6. 间隙密封　　密封件密封

7. 高速　　低速

二、判断题

1. × 2. × 3. × 4. √ 5. √

三、选择题

1. A 2. B 3. C 4. C

四、简答题

（略）

项目四

一、填空题

1.（略）

2. 阀芯　　阀体

3. M　Y

4. 几个位置（几位）　　主油口接口数

5. 手动换向　　机动换向　　电磁换向　　液动换向　　电液换向

二、判断题

1. × 2. √

三、选择题

1. B 2. A 3. A

四、简答题

（略）

项目五

一、填空题

1. 稳压　　卸荷

2.（略）

3. 进口　　闭　　出口　　开

4.（略）

5.（略）

6. 压力　　行程

二、判断题

1. × 2. √ 3. × 4. √

三、选择题

1．B A 2．B 3．A 4．B D C

四、简答题

（略）

五、分析题

1．（1）6MPa；（2）4.5MPa；（3）3MPa。

2．1→2→3→4 的动作：1YA+→3 左→实现动作 1；1 压下 S1→3YA+→4 左→实现动作 2；2 压下→4YA+→实现动作 3；2K+→2YA+→3 右→实现动作 4。

同理可实现 1→2→4→3 的动作。

项目六

一、填空题

1．（略）

2．定差减压阀

3．多余油液经溢流阀流回油箱

4．阀口的通流面积（节流口局部阻力）大小或通过改变通流通道的长短

5．针阀式　　偏心式　　三角槽式　　周向缝隙式

二、判断题

1．× 2．√ 3．× 4．√

三、选择题

1．B C 2．C 3．B

四、简答题

1．（略）

2．1YA+→阀 3 左工作→泵 1 油液经阀 3 左位进液压缸左腔→液压缸右腔油液经阀 5（2YA+）右腔流回主油路，实现差动连接。

项目七

一、填空题

1．基本回路

2．液压元件图形符号

3．M 型

4．远程调压阀

二、判断题

1．√ 2．× 3．× 4．×

三、选择题

1．A 2．C 3．B

四、简答题

（略）

项目八

一、填空题

1. 能源装置　　执行装置　　控制调节装置　　辅助装置
2. 空压机　　后冷却器　　储气罐　　空气干燥器
3. 油雾器　　空气过滤器　　调压阀

二、判断题

1. ×　2. √　3. ×

三、选择题

1. C　2. A

四、简答题

（略）

项目九

一、填空题

1. 汽缸　　气动马达
2. 压缩空气　　压力能　　机械能
3. 直线　　推力　　位移
4. 电动机　　液压马达　　力矩　　转速

二、判断题

1. √　2. ×　3. √

三、选择题

1. C　2. D　3. C

四、简答题

（略）

项目十

一、填空题

1. 通断气路　　改变气流　　启动　　停止
2. 单向阀　　换向阀
3. 人力　　机械　　气压　　电磁

二、判断题

1. √　2. ×　3. √

三、选择题

1. B　2. C

四、简答题

（略）

五、分析题

（略）

项目十一

一、填空题

1. 控制　　调节　　压力

2. 减压阀　　溢流阀　　顺序阀

3. 控制一次压力　　控制二次压力

二、判断题

1. √　2. ×　3. √

三、选择题

1. A　2. D

四、简答题

（略）

项目十二

一、填空题

1. 流量控制阀

2. 节流阀　　单向节流阀　　排气节流阀

3. 单向阀　　节流阀　　速度　　速度控制

二、判断题

1. ×　2. √　3. √

三、选择题

1. D　2. A

四、简答题

（略）

项目十三

一、填空题

1. 逻辑控制

2. "是"门　　"非"门　　"或"门

3. 逻辑回路

4. 开关部分　　改变气体流动的通断　　控制部分　　当控制信号状态　　开关部分

二、判断题

1. ×　2. √

三、选择题

B

四、简答题

（略）

项目十四

一、填空题

1. 双作用汽缸　　双作用汽缸
2. 分组供气法
3. 双作用汽缸　　伸缩

二、判断题

1. √　2. ×

三、选择题

A

四、简答题

（略）

参考文献

[1] 左健民. 液压与气压传动[M]. 北京：机械工业出版社，2005.

[2] 路甬祥. 液压与气压技术手册[M]. 北京：机械工业出版社，2003.

[3] 胡海清，陈爱民. 气压与液压传动控制技术[M]. 北京：北京理工大学出版社，2006.

[4] 陈立群. 液压传动与气动技术[M]. 北京：中国劳动社会保障出版社，2006.

[5] 张福臣. 液压与气压传动[M]. 北京：机械工业出版社，2006.